알기 쉬운
기술과 공학 이해

김중호 · 권대규

도서출판 두남

머리말
PREFACE

인터넷, 스마트폰, 전자제품, 교통수단 등 우리의 일상생활은 공학의 산물로 가득 차 있고, 이를 통해 공학이 우리 생활과 얼마나 밀접하게 연관되어 있는지 알 수 있습니다. 그러나 많은 사람들에게 기술은 여전히 어렵고 복잡한 분야로 느껴져 공학 전공자의 특별한 분야로 생각하는 경향이 있습니다. 지식의 융·복합을 추구하는 4차 산업혁명 시대에 공학 전공자는 기술경영이라는 과목을 접목하여 경영 분야를 공부하고 있으나, 인문사회계열 등 타 분야에서는 공학을 이해하려는 시도가 미미한 실정으로 이 책은 공학을 전공하지 않은 비전공자를 위하여 대학에서 강의한 자료를 기반으로 집필하게 되었습니다.

『알기 쉬운 기술과 공학 이해』는 공학의 개념을 일상생활의 예시를 통해 설명하고 있어 우리가 매일 사용하는 인터넷, 스마트폰, 전자제품, 교통수단 등이 어떻게 공학적으로 설계되고 작동하는지 쉽게 이해할 수 있습니다. 또한 공학에서도 기획하고 계획을 세우고 고객의 니즈를 파악하고 품질관리도 하는 일련의 프로세스를 가지고 있어 이러한 내용도 일부 소개를 하였습니다. 원활한 커뮤니케이션과 신속한 의사결정을 위해서는 상대방의 말을 빨리 이해해야 하고 이를 위해서는 타 분야에 대한 기본적인 지식 함양이 필요하므로 공학에서 기본적으로 사용하는 전문용어도 포함하였습니다.

책의 구성은 모듈 형식으로 구성이 되어 있어 관심이 있고 필요한 모듈부터 학습하면 됩니다. 공학은 어렵고 복잡한 학문이 아니라 우리의 삶을 보다 편리하고 풍요롭게 만드는 기초 학문으로 공학에 대한 이해가 미래의 기술 변화에 능동적으로 대처할 수 있는 역량을 갖추게 될 것입니다.

알기 쉬운
기술과 공학 이해

이 책은 수많은 관련 기술 서적과 연구보고서, 그리고 인터넷 자료 등을 참고로 기술의 주요 핵심 사항만 정리한 것에 불과한 것으로 출처는 표기를 하였으나, 교재의 성격상 누락이 되거나 저자분들께 일일이 양해를 구하지 못한 점 넓은 아량으로 양해해 주시기를 바랍니다. 또한 기술과 공학의 방대한 분야를 설명하는데 부족한 점이 많다는 것을 알고 있으며, 부족한 부분에 대해서는 독자들의 다양한 비판을 적극 수용하여 지속적으로 보완할 것을 약속드립니다.

끝으로 이 책이 출간될 수 있도록 도와주신 모든 분들께 감사를 드리며, 특히, 출판을 허락해 주신 도서출판 두남 전두표 사장님과 이승구 상무님 그리고 편집부 여러분께 깊은 감사를 드립니다.

2024년 8월
김중호 · 권대규

차 례
CONTENTS

알기 쉬운
기술과 공학 이해

차 례
CONTENTS

알기 쉬운
기술과 공학 이해

Module 1 공학의 개요

Contents

M1-1 학문의 종류

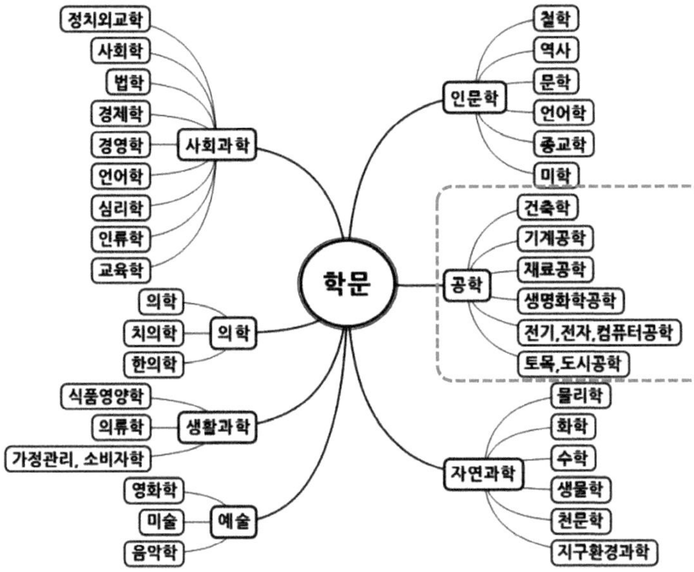

[출처] 스무 살에 선택하는 학문의 길, 아카넷

M1-1 학문의 종류

- 수학 vs 과학 vs 공학

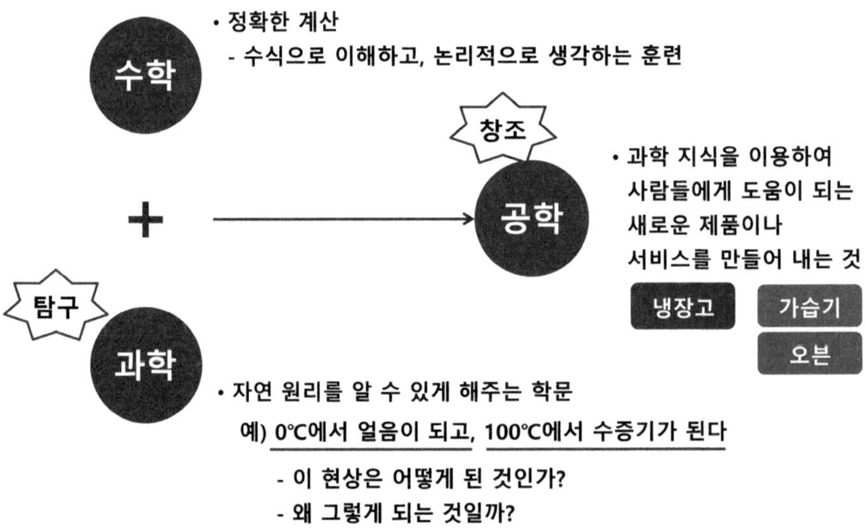

[출처] 10대에게 권하는 공학, 글담출판 한화택지음

M1-1 학문의 종류

- 과학 vs 공학

"The scientist explores what is,
the engineer creates what had not been."

" 과학자는 세상에 존재하는 것을 탐구하고,
엔지니어는 세상에 존재하지 않는 것을 새로이 만들어 낸다.

<Deodole von Karman>
NASA 초대소장, 유체공학자

과학자는 탐구하고, 공학자는 창조한다.

[출처] 10대에게 권하는 공학, 글담출판 한화택지음

M1-1 학문의 종류

- 과학 탐구과정과 공학 설계과정은 다르다
  - 대상과 목적이 다르기 때문이다

과학 탐구과정	공학 설계과정
질문을 한다 (호기심)	문제를 파악한다
↓	↓
관찰하고 탐구한다	조사하고 연구한다
↓	↓
가설을 세운다	해결 방법을 생각한다
↓	↓
가설을 입증한다	모형을 만든다
↓	↓
결론을 도출한다 (→ 가설을 세운다)	시험 평가한다 (→ 해결 방법을 생각한다)
↓	↓
탐구결과 발표	해결방안 제시
과학은 하나만의 정답이 존재	*공학은 정답이 존재하지 않음*

[출처] 10대에게 권하는 공학, 글담출판 한화택지음

M1-2 공학 개요

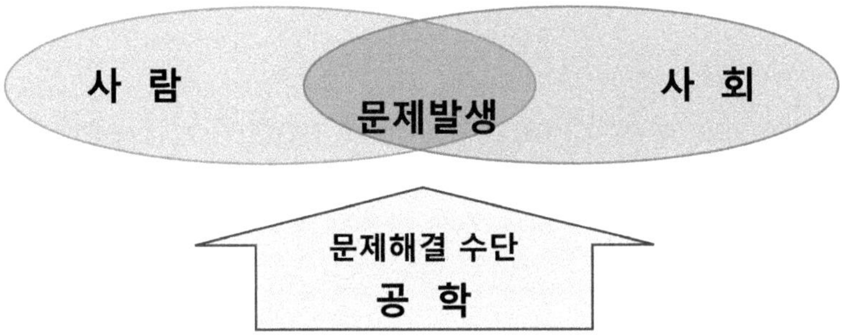

상상력, 창의력, 문제해결능력 배양

① 새로운 것을 알게 되는 즐거움

② 직접 무언가를 만드는 즐거움

③ 성취하는 즐거움

(공학을 통해 얻는 것)

[출처] 10대에게 권하는 공학, 글담출판 한화택지음

M1-2 공학 개요

- 다양한 해결방법 존재

[이미지 출처] Generated by OpenAI's DALL-E, 2024.8.5

M1-2 공학 개요

- **Tetrapod (테트라포드)**
  - **[동물] 사지(四肢) 동물**
  - **(탁자 • 의자 등의) 네 다리**
  - **호안(護岸)용 4각 블록**

[출처] KBS 재난·안전 인사이드, 2018. 06. 03, 중앙일보 입력 2017.06.16

M1-2 공학 개요

- 공과대학 교과
  - 엔지니어라면 알고 있어야 하는 기본 지식, 과학

물리학	• 자연 현상에 관한 원리를 탐구하는 학문 ① 역학 : 운동에너지, 중력법칙 → 기계공학, 자동차공학, 항공공학 ② 전자기학 : 전하와 물질, 전기장과 자기장, 전자기파 → 전기공학, 전자공학, 통신공학, 컴퓨터공학 ③ 광학 : 빛에 관련된 물리현상 탐구 → 카메라, 안경, 디스플레이
화학	• 물질의 기본 구조와 성질 그리고 화학 반응을 탐구하는 학문 ① 무기물 : 금속, 유리, 돌 같은 비금속 물질 ② 유기물 : 음식물, 석유, 목재 등 생명에서 유래된 물질

[출처] 10대에게 권하는 공학, 글담출판 한화택지음

M1-2 공학 개요

금속공학

- 순수 금속이나 합금
  - ① 신소재 공학
    - 무기화합물 : 도자기, 유리
    - 첨단재료 : 세라믹, 탄소 나노 튜브
    - 유기화합물 : 플라스틱, 비닐

생물학

- 살아 있는 생명체를 탐구하는 학문
  - ① 생화학 : 생물 내 화학현상 연구
  - ② 분자생물학 : 분자 수준에서 생명 현상 탐구
  - ③ 세포생물학 : 세포에서 일어나는 생명현상 연구
  - ④ 생리학 : 기관이나 조직연구
  - ⑤ 생태학 : 다양한 생물 개체들의 관계 탐구
  - ⑥ 유전공학 : DNA 이중 나선구조, 유전자 조작, 생물복제 연구
  - ⑦ 기타 : 뇌 공학, 신경인지공학, 생체역학(인공장기), 재활공학

[출처] 10대에게 권하는 공학, 글담출판 한화택지음

M1-2 공학 개요

- 새로운 제품이나 서비스를 만들어 내기 위해서는 다양한 분야의 기술이 필요함

기계공학
- 외관설계, 기구부품

화학공학
- 디스플레이, 밧데리

전자공학
- 회로, 소프트웨어, 센서

재료공학
- 소재, 위해성 평가

전기공학
- 충전, 케이블

인체공학
- 사용편리성

컴퓨터공학
- CPU, 메모리

통신공학
- Network

제어공학
- 계측, 센싱, Control

환경공학
- 위험물질, 폐기물

M1-2 공학 개요

▪ 공학자는 어떤 사람

① 호기심 많은 사람
- 투덜이 스머프

• 집에서 편하게 운동할 수 없을까?
• 왜 이렇게 복잡한 계산을 하고 있어야 해?
• 밖에서는 왜 TV를 볼 수 없는 거야?

② 도전하는 사람
- 공부하는 사람

• 문제의 발견 → 문제 해결 능력

③ 상상력이 뛰어난 사람
- 존재하지 않은 것을 상상하는 능력

• 무거운 짐 운반
- 직접 들고 이동 → 바퀴 달린 수레 → 마차 → 자동차 → 비행기

④ 응용을 잘하는 사람
- 창의성

• 비빔밥
• 메카트로닉스 (mechanic + electronics)
• 뇌 공학 → 인공지능 : 생명공학, 의료공학, 컴퓨터공학, 전기・전자공학, 기계공학 ...

[출처] 10대에게 권하는 공학, 글담출판 한화택지음

M1-2 공학 개요

▪ 공학과 기술은 다르다

학 술

기술을 과학적으로 뒷받침 →

※ 시행착오를 줄이고 효과적이다

이론적인 측면		기예적인 측면
공 학	vs	기 술
의 학	vs	의 술
어 학	vs	화 술
수 학	vs	계산술
미 학	vs	예 술

← 반복적인 연습으로 습득

[출처] 10대에게 권하는 공학, 글담출판 한화택지음

M1-2 공학 개요

과학자 → 엔지니어 → 기술자

과학자
- 순수하게 진리탐구
- 자연현상을 관찰
  → 분석 및 가설 수립
  → 실험과 관찰 반복 검증

엔지니어
- 과학자와 기술자 사이의 매개자
- 기술, 수학, 과학 지식을 고루 사용해 실용적인 측면에서 문제를 바라보고 해결
- 설계작업 : 문제 해결을 위한 방안을 고안하고 기획

기술자
- 현장에서 특정한 기술을 직접 적용 (기능인)

← 교각 설계시 필요한 요구사항과 제한조건 이해

다양한 생각 → 모형제작 시뮬레이션 → 설계도면 확정

[출처] 10대에게 권하는 공학, 글담출판 한화택지음
[이미지 출처] Generated by OpenAI's DALL-E, 2024.8.5

M1-2 공학 개요

- 엔지니어는 하는 일에 따라 업무구분

  - 설계 엔지니어 : 대부분의 엔지니어
  - R&D 엔지니어 (Research Development)
    : 설계 엔지니어 중에서 좀더 기초적인 내용을 분석하거나 근본적인 개발연구를 수행하는 사람
  - 세일즈 엔지니어 : 제품의 기술상담 및 홍보와 판매
  - 서비스 엔지니어 : 판매 후 상담 및 수리
  - 컨설팅 엔지니어 : 다양한 현장문제에 관해 자문 또는 조언

[출처] 10대에게 권하는 공학, 글담출판 한화택지음

M1-3 타 분야 이해의 필요성

- 원활한 커뮤니케이션과 올바른 의사결정을 위하여 배경지식 습득이 필요함

[이미지 출처] Generated by OpenAI's DALL-E, 2024.8.5

M1-3 타 분야 이해의 필요성

[이미지 출처] Generated by OpenAI's DALL-E, 2024.8.5

M1-3 타 분야 이해의 필요성

견 적 서

선반 밀링 MCT 열처리 도금 연마

품 명	열처리방법	수량	재질	소재가	선반	밀링	MCT	열처리	도금	연마	단 가	금 액
PLATE	Q&T HRC28~32	1	S45C	120,000			280,000		20,000	100,000	520,000	520,000
GUIDE BLOCK	Q&T HRC28~32	2	S45C	1,600		5,000		1,000	10,000		17,600	35,200
SIDE BLOCK	Q&T HRC28~32	2	S45C	1,600		15,000			10,000		26,600	53,200
GUIDE BLOCK	Q&T HRC28~32	2	S45C	2,000		15,000			10,000		27,000	54,000
LOWER PLATE		1	SS41	100,000			180,000		20,000	100,000	400,000	400,000
UPPER PLATE		1	SS41	90,000			180,000		20,000	150,000	440,000	440,000
STOPPER BLOCK	고주파 HRC45~	2	S45C	14,000		15,000			10,000		39,000	78,000
SPACER		1	SS41	6,000		15,000					21,000	21,000
SIDE PLATE 1		1	SS41	30,000			80,000		20,000		130,000	130,000
BEARING PLATE		2	SS41	3,000			40,000		20,000		63,000	126,000
UPPER CLAMP		2	PBC2	25,000		25,000			5,000		55,000	110,000
LOWER CLAMP		2	PBC2	10,000		13,000			5,000		28,000	56,000
BLOCK		6	SS41	2,100		20,000			5,000		27,100	162,600
STOPPER BRACKET		2	SS41	7,000		50,000			5,000		62,000	124,000
JOIN BLOCK		1	SS41	9,000		35,000			5,000		49,000	49,000
PLATE		1	SS41	7,500		20,000			5,000		32,500	32,500
JOIN PLATE		1	SS41	5,000		20,000			5,000		30,000	30,000
PLATE		1	SS41	10,000		20,000			5,000		35,000	35,000
JOIN PLATE		1	SS41	12,000			60,000		20,000		92,000	92,000
ADJUST BLOCK		12	SS41	1,000		5,000					6,000	72,000
PLATE		1	SS41	10,000			30,000		10,000		50,000	50,000
JOIN PLATE		1	SS41	10,000			60,000		10,000		80,000	80,000
CYL BLOCK		1	SS41	4,500		30,000					34,500	34,500
PLATE		1	SS41	80,000			220,000		10,000		310,000	310,000
LUB BLOCK		1	SS41	2,500		20,000					22,500	22,500
												3,117,500

M1-3 타 분야 이해의 필요성

- **Communication**

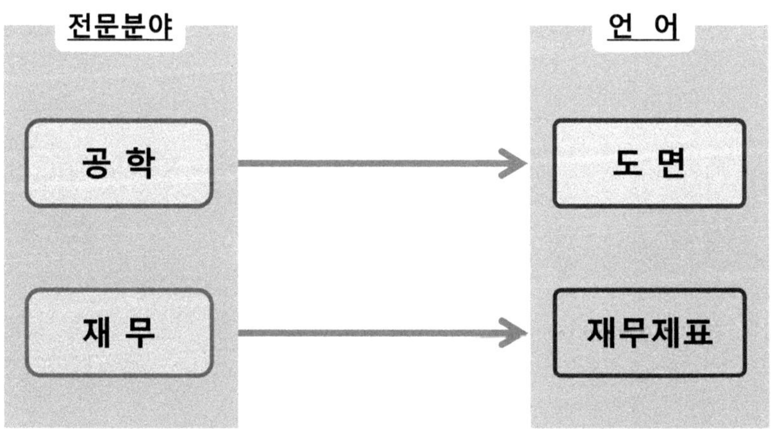

- **재무상태표, 손익계산서 현금흐름표, 주기, 주석**

M1-3 타 분야 이해의 필요성

▪ **세무/회계분야 재무제표 사례**

요약 재무상태표

(단위:백만원)

자 산	당 기	전 기	부채 및 자본	당 기	전 기
Ⅰ.유동자산	2,844,051	2,065,838	Ⅰ.유동부채	3,854,692	2,688,461
현금·예금	478,701	84,576	매입채무	788,833	729,895
유가증권	39,919	67,296	단기차입금	662,967	513,946
매출채권	1,091,283	700,877	기타유동부채	2,402,892	1,444,620
재고자산	761,438	875,777	Ⅱ.비유동부채	3,457,903	2,683,823
기타	472,710	337,312	사채	1,673,848	1,392,655
Ⅱ.비유동자산	5,996,244	4,775,996	장기차입금	1,302,852	868,337
(1) 투자자산	2,198,077	1,641,262	기타비유동부채	481,204	422,831
장기성예금	6,749	12,276	Ⅲ.이연부채	242	0
투자유가증권	1,546,969	1,082,672	부 채 총 계	7,312,838	5,372,284
기타	644,359	546,314	Ⅰ.자본금	524,616	534,963
(2) 유형자산	2,851,846	2,676,850	Ⅱ.자본잉여금	777,023	779,339
토지	461,635	453,390	Ⅲ.이익잉여금	209,440	191,813
건물	886,633	815,629	Ⅳ.자본조정	16,378	-36,565
기계장치	651,523	726,410	자 본 총 계	1,527,457	1,469,550
기타	852,055	681,421			
(3) 무형자산	23,312	26,560			
(4) 이연자산	923,009	431,324			
자 산 총 계	8,840,295	6,841,834	부채와 자본총계	8,840,295	6,841,834

요약 손익계산서

(단위:백만원)

계정과목	당기		전기	
Ⅰ.매출액		9,239,733		7,502,451
Ⅱ.매출원가		7,028,248		5,817,673
Ⅲ.매출총이익		2,211,485		1,684,778
Ⅳ.판매비와 관리비				
급여	201,759		190,554	
지급임차료	13,354		12,602	
감가상각비	349,873		44,311	
광고선전비	138,110		141,236	
기타	710,333	1,413,429	725,528	1,114,231
Ⅴ.영업이익		798,056		570,547
Ⅵ.영업외수익				
이자수익	49,790		41,867	
배당금수익	26,819		40,838	
임대료	2,441		2,732	
기타	960,030	1,039,080	101,467	186,904
Ⅶ.영업외비용				
이자비용	491,219		388,929	
이연자산상각비	428,535		173,931	
기타	801,510	1,721,264	181,721	744,581
Ⅷ.경상이익		115,872		12,870
Ⅸ.특별이익		315		123,602
Ⅹ.특별손실		11,911		78,506
Ⅺ.세전순이익		104,276		57,966
Ⅻ.법인세		12,700		14,000
ⅩⅢ.당기순이익		91,576		43,966

M1-3 타 분야 이해의 필요성

▪ **기계분야 사례**

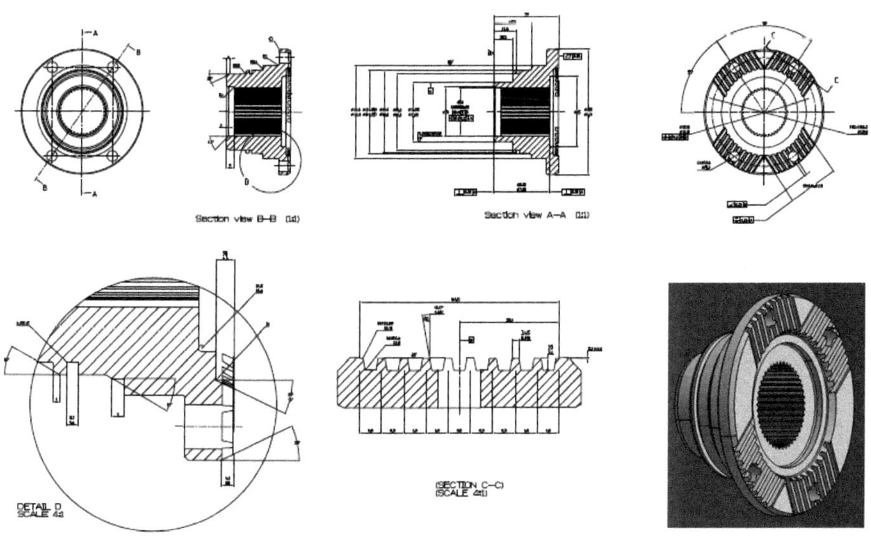

M1-3 타 분야 이해의 필요성

▪ 건축분야 사례

[이미지 출처] https://www.pinterest.co.kr/pin/589267932472983006/
Pin on 참고용 (pinterest.co.kr)

M1-3 타 분야 이해의 필요성

▪ 개인의 지속적인 성장을 위해서는 인접분야에 대한 관심과 전문지식 습득 필요

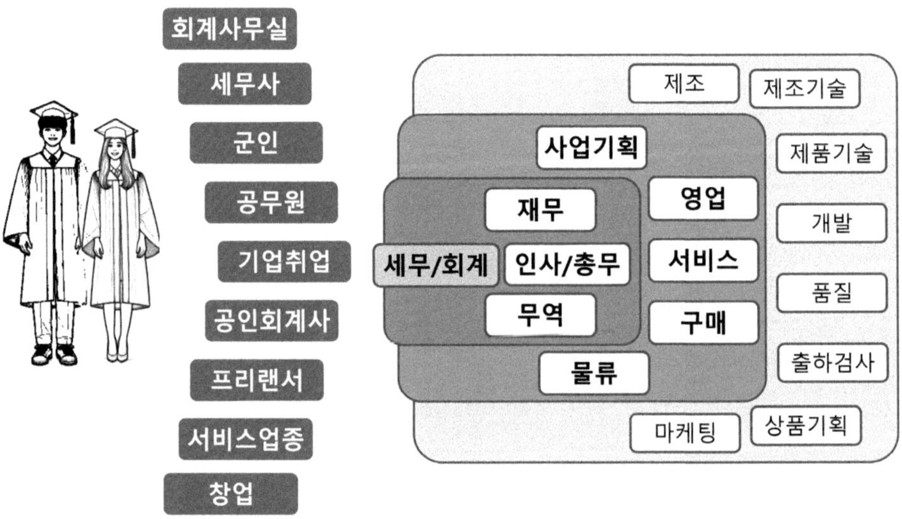

[이미지 출처] Generated by OpenAI's DALL-E, 2024.8.5

M1-3 타 분야 이해의 필요성

- 공학은 사람과 사회를 위한 기술
  - 공학, 인문학, 사회과학 등 모든 학문은 상호 연관성을 갖고 있다

공학적 관점 → 새로운 것을 개발 ← 인문학적 사고 / 사회과학적 사고

인문학적/사회과학적 관점 → 사람과 사회문제 해결 ← 공학적 사고

[출처] 10대에게 권하는 공학, 글담출판 한화택지음

M1-3 타 분야 이해의 필요성

스티브 잡스

"인문학과 기술의 교차로 위에 애플이 서있다."

공학이 진정으로 추구하는 '사람을 위한 기술' 을 뜻함

[출처] 10대에게 권하는 공학, 글담출판 한화택지음

Module 2 기술의 발전과 세상의 변화

Contents

M2-1 기술의 발전

- 공학은 왜 우리에게 중요한가?
  → 문제를 발견하고 그 문제를 해결하는 과정

공학적인 사고 ⇨ 발명품 ⇨ 국가와 문명 탄생 ⇨ 세계 탄생

- 우리나라의 뛰어난 발명품
  자격루, 앙부일구, 금속활자, 신기전

→ 뛰어난 발명품이 역사를 바꾸는데 기여함

[출처] 10대에게 권하는 공학, 글담출판 한화택지음

M2-1 기술의 발전

- 세상을 바꾼 10대 가젯

* Gadget : 작고 유용한 전자기기나 도구(장치)

1위(2007) Smart Phone(Apple)	2위(1968) 컬러TV 시대를 연 트리니트론 (Sony, 1억대이상 판매)	3위 매킨토시(APPLE) : 인간과 컴퓨터간 상호작용의 표준	4위 워크맨(Sony)	5위 Model 5150(IBM): 최초의 개인용 컴퓨터

6위 Record Player (Victrola)	7위 Transistor Radio	8위 브라우니카메라 (코닥)	9위 i-POT	10위 Magic Wand

[출처] http://www.asiae.co.kr/news/view.htm?idxno=2016050408002507158 2016.05.04

Reference

▪ **AI가 생각하는 세상을 바꾼 10대 가젯**

① **스마트폰** : 다양한 기능을 하나로 결합한 휴대용 장치
② **노트북 컴퓨터** : 이동성과 성능을 갖춘 개인용 컴퓨터
③ **스마트워치** : 손목에서 다양한 기능을 제공하는 디지털 시계
④ **태블릿** : 휴대성과 기능을 겸비한 터치스크린 장치
⑤ **디지털 카메라** : 필름 없이 고화질 사진을 촬영할 수 있는 장치
⑥ **GPS 네비게이션** : 정확한 위치와 경로 안내를 제공하는 장치
⑦ **전자책 리더기** : 디지털 형식으로 책을 읽을 수 있는 장치
⑧ **무선 이어폰** : 케이블 없이 음악을 들을 수 있는 이어폰
⑨ **액션 카메라** : 방수와 내구성을 갖춘 소형 카메라
⑩ **게임 콘솔** : 고화질 게임을 즐길 수 있는 가정용 장치

[출처] OpenAI. (2024). ChatGPT. Retrieved from https://www.openai.com/chatgpt

M2-1 기술의 발전

인 간

▪ **호모 사피엔스 : 생각하는 인간**
▪ **호모 파베르 : 도구를 만들어 사용하는 인간**

[출처] 10대에게 권하는 공학, 글담출판 한화택지음
[이미지 출처] Generated by OpenAI's DALL-E, 2024.8.5

M2-1 기술의 발전

▪ 도구의 발달

※ '풀무'의 등장 : 연소에 필요한 공기 공급도구

용융점

용융점	금속	재료	시대
3400℃	텅스템	스테인리스강 (Stainless steel)	
1200℃	주철	철	철기시대
1000℃	구리	청동, 황동	청동기시대
660℃	알루미늄		
50℃	파라핀	진흙	석기시대
-38.8℃	수은	돌	

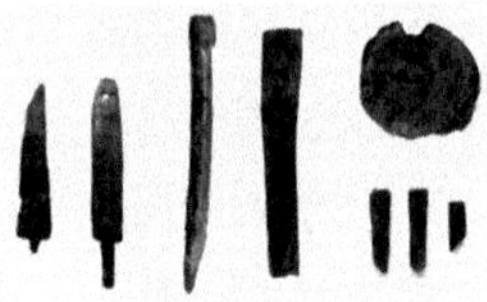

M2-1 기술의 발전

▪ 고대문명의 공학기술

수로

피라미드

성곽

검차 네이버 블러그 : 가브리엘's 이슈리뷰

투석기 네이버 블러그 : MD아바의 비밀 작업실

[출처] 10대에게 권하는 공학, 글담출판 한화택지음
[이미지 출처] Generated by OpenAI's DALL-E, 2024.8.5

M2-1 기술의 발전

- 인류의 역사와 공학의 발전
  - 공학은 문제를 발견하고 그 문제를 해결하는 과정

선사시대

- 자연에 순응

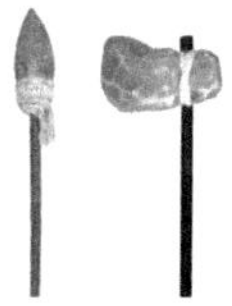

고 대

중 세

종이

인쇄술

나침반

화약

근 대

증기기관

방적기

현 대

- 스마트폰
- 로봇
- 인공지능
- 가상현실

[출처] 10대에게 권하는 공학, 글담출판 한화택지음
[이미지 출처] Generated by OpenAI's DALL-E, 2024.8.5

M2-1 기술의 발전

- 인류의 역사와 공학의 발전

중 세

종이 → 지식혁명

인쇄술 → 지식혁명

→ Communication

나침반 → 장거리 이동

화약 → 전 쟁

→ 문명의 융합

[출처] 10대에게 권하는 공학, 글담출판 한화택지음
[이미지 출처] Generated by OpenAI's DALL-E, 2024.8.5

M2-1 기술의 발전

▪ **한국의 발명품**

① 석굴암

- **무거운 흙이 누르는 힘을 견딜 수 있는 아치형 구조**
- **바닥에 '감로수'라는 차가운 물이 흐르게 해서 내부의 습기 제거**
- **일 년 중 해가 가장 짧은 동지에 해가 떠오르는 방향으로 건축**
- **세계에서 유일한 인조 석굴**

[출처] 10대에게 권하는 공학, 글담출판 한화택지음

[이미지 출처] https://blog.naver.com/jaehak925/221505592995

M2-1 기술의 발전

② 세계에서 가장 오래된 금속활자본 '직지심체요절'

[이미지 출처] 국가유산청

③ 앙부일구

[이미지 출처] 네이버 지식백과

④ 자격루

[이미지 출처] 위키백과

⑤ 고려청자

[이미지 출처] 국가유산청

[출처] 10대에게 권하는 공학, 글담출판 한화택지음

M2-1 기술의 발전

⑦ 거중기

⑥ 신기전

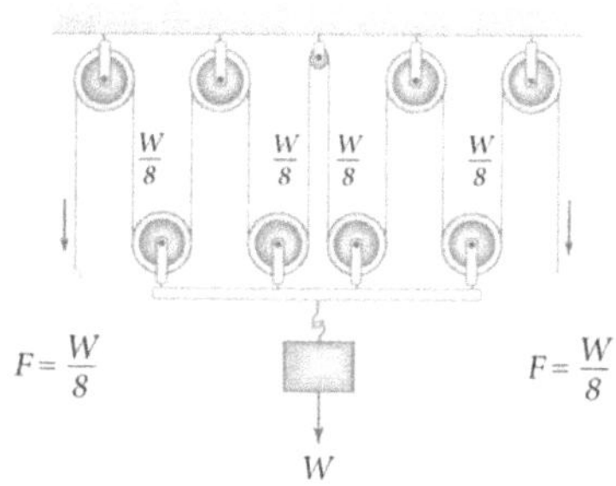

[출처] 10대에게 권하는 공학, 글담출판 한화택지음

M2-1 기술의 발전

▪ 공학의 발전 과정

우연히 발견한 경험적 사실 ⇨ 공학적 발전 (발명품)

- 토기, 도자기, 불

시행착오

경험적으로 알고 있는 과학 지식 ⇨ 공학적 발전 (발명품)

- 첨단기술의 가치 발휘
- 국가적인 보호 (특허)
- 공학적으로 사고하는 시대

[출처] 10대에게 권하는 공학, 글담출판 한화택지음

M2-2 산업혁명

- **산업혁명 이전**
  - **오직 2%의 귀족만을 위한...**

[이미지 출처] Generated by OpenAI's DALL-E, 2024.8.7

M2-2 산업혁명

- **1차 산업혁명 : 기계화**

[이미지 출처] Generated by OpenAI's DALL-E, 2024.8.5

M2-2 산업혁명

▪ **2차 산업혁명 : 대량생산**

[이미지 출처] Generated by OpenAI's DALL-E, 2024.8.5

M2-2 산업혁명

▪ **3차 산업혁명 : 지식정보/자동화**

[이미지 출처] Generated by OpenAI's DALL-E, 2024.8.5

M2-2 산업혁명

▪ 4차 산업혁명 : 지능정보기술/개인화 맞춤

[이미지 출처] Generated by OpenAI's DALL-E, 2024.8.5

M2-2 산업혁명

▪ 산업혁명의 인문사회학적 의미

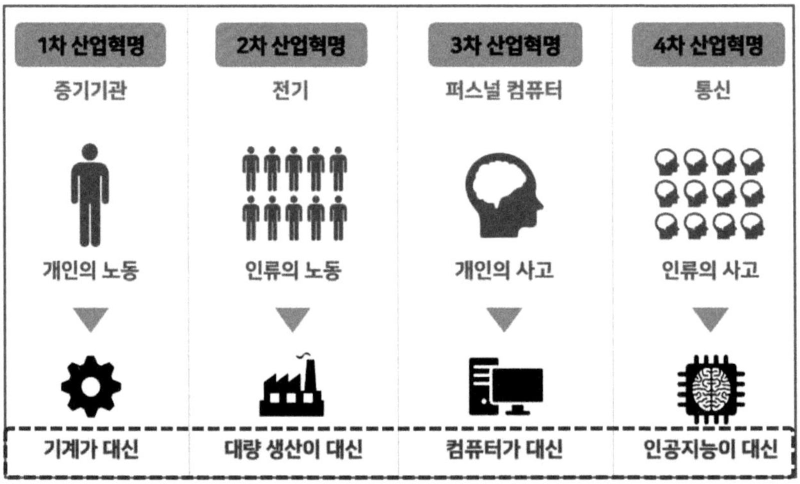

[출처] zum허브, http://hub.zum.com/ppss/7314

M2-3 세상의 변화

- **경제의 개념 변화**
  - **Beyond Experiences Economy**

Volume, Scale → **Scope / Coverage**

Commodities (농업경제)	Products (제조경제)	Services (서비스경제)	Experiences (체험경제)	Platform (플랫폼경제)
먹고 사는 것	소유 - 나도 가졌으면	이것 밖엔 없어??	새로운 자극	새로운 세상, 산업지형의 변화
			• 오락적 체험요소 • 교육적 체험요소 • 심미적 체험요소 • 일탈적 체험요소	• Bitcoin, Air BnB • Uber, Cacao Bank • ....

기술의 역할 변화

산업혁명의 영향
- 새로운 제품 및 제조방식 등장
- 기존 경쟁체제 파괴(기업/국가)
- 근로자, 작업 인프라의 새로운 요구 증가

[출처] Pine, J.; Gilmore, J. (1999). 《The Experience Economy. Boston: Harvard Business School Press.

M2-3 세상의 변화

- **플랫폼 기업의 등장**

플랫폼이란?

- 일상적으로 반복활동을 하는 '공간'이나 '구조물'
- 최근 비즈니스 관점에서 다양한 제품이나 서비스를 제공하기 위해 사용하는 토대를 플랫폼으로 정의

[가치 있는 플랫폼의 조건]

① **변화동인**(시장변화, 신기술, 규제)
→ 무엇이 시장을 성장시킬 것인가?

② **고객문제**(충족되지 않았거나 잠재된 고객니즈)
→ 어디서 변화를 만들 것인가?

③ **기업역량**(노하우, 지적재산, 자산, 아이템 等)
→ 어떻게 변화를 만들 것인가?

[플랫폼 기업]

- 구글
- 아마존
- 우버 택시 → 택시 미보유
- 에어비엔비 → 부동산 미보유
- Facebook → Contents 미생산
- 알리바바 → 물품목록 미보유

M2-3 세상의 변화

- 배달앱 시장은 지속적으로 성장

배달의민족

요기요 배달통

coupang eats

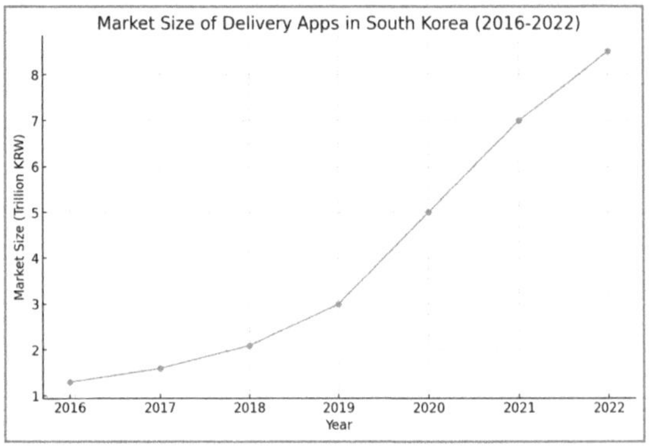

[출처] OpenAI. (2024). ChatGPT. Retrieved from https://www.openai.com/chatgpt

M2-3 세상의 변화

- Value Chain의 변화

  - 대량생산시대에서 대량 맞춤시대로
  - 사라지는 산업 간 경계
  - 경제의 단위로서 가치사슬
  - 전통적 경쟁을 대체하는 협업

Daum KAKAO

CJ

emart

Available at amazon

M2-3 세상의 변화

- Value Chain의 변화 : 경계를 파괴하는 자가 승리한다

물리적 결합 / 화학적 융합

- 지식의 융합
- 기술의 융합
- 산업의 융합
- 문화의 융합
- 도시의 융합
- 가상과 현실 공간의 융합
- 민족의 융합

⇒ 기존경계 파괴

- 문화경계
- 학문경계
- 산업경계
- 언어경계
- 자동차와 컴퓨터의 경계
- 인간과 로봇의 경계

가장 중요한 것은 '생각의 경계'를 파괴 하는 것

[출처] 2030 대담한 도전, 최윤식

M2-3 세상의 변화

- Value Chain의 변화 : 맞춤경영 사례 (BMW)
  - 의류 및 가전산업의 개인화 개념이 자동차로 전이되어 다품종 변종생산체제를 요구함
  - BMW는 한해 3시리즈만 7,500개의 다양한 Model을 생산 공급

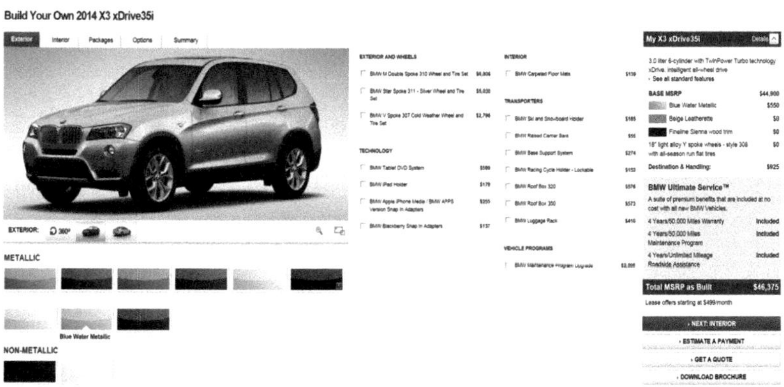

M2-3 세상의 변화

- **Value Chain의 변화 : 맞춤경영 사례 (할리데이비슨)**
  - **Product Platform 및 Smart Factory 구축을 통해 년간 1,300 Model 생산**

[이미지 출처] Generated by OpenAI's DALL-E, 2024.8.5

M2-3 세상의 변화

- **Value Chain의 변화 : 비즈니스 혜안을 소유한 구글**
  - **Mega Process 전반의 이해와 기업 전략의 구현을 위한 실행전략 수립**

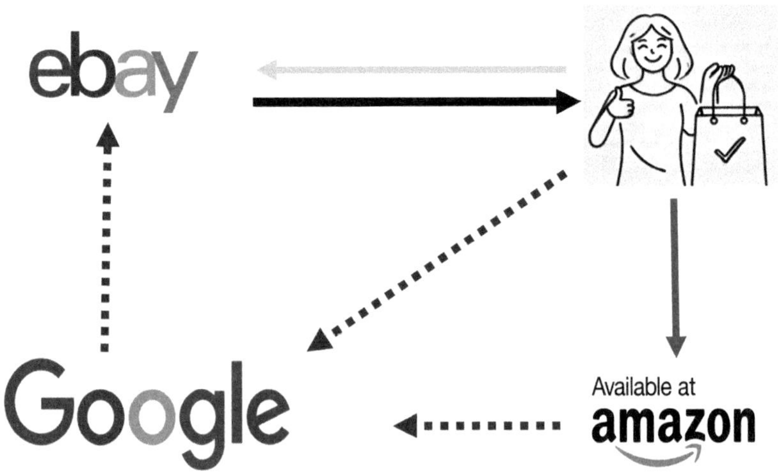

[이미지 출처] Generated by OpenAI's DALL-E, 2024.8.5

M2-3 세상의 변화

에스티마의 인터넷이야기 EstimaStory.com

구글의 네스트 인수 의미

with 14 comments

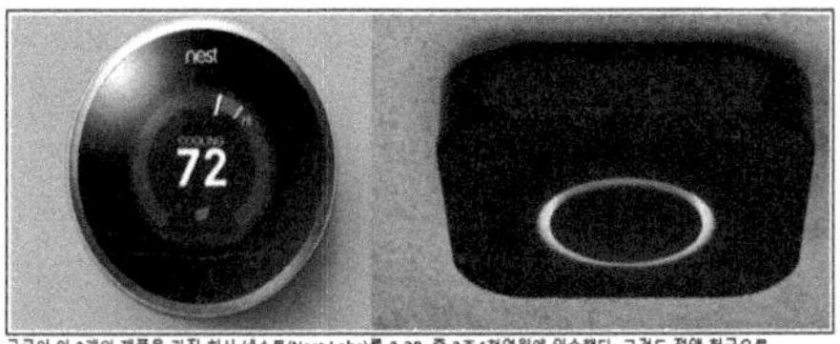

구글이 위 2개의 제품을 가진 회사 네스트(Nest Labs)를 3.2B, 즉 3조4천억원에 인수했다. 그것도 전액 현금으로.

네스트의 창업자 토니 파델 (출처 Bloomberg TV)

구글이 네스트(Nest Labs)를 3.2B$, 즉 3조4천억원에 인수했다 그것도 전액 현금으로

↓

에너지 사용 Data 수집

↓

전력회사에 가치 있는 컨설팅

[출처] https://estimastory.com/2014/01/15/nest/

M2-3 세상의 변화

1980년대	**현 재**
 600만원	 1억원
 600만원	 100만원

산업 사회 → **정보화 사회**

- **정보와 지식의 불균형**
  - **→ 지식의 양이 많은 사람 (업무 처리속도가 빠름)**

- **정보와 지식의 균형**
  - **→ 상대방의 마음을 변화 시킬 수 있는 사람 (형식이 내용을 지배 할 수도 있음)**

M2-3 세상의 변화

▪ 자동차 부품에서 또 하나의 시스템으로

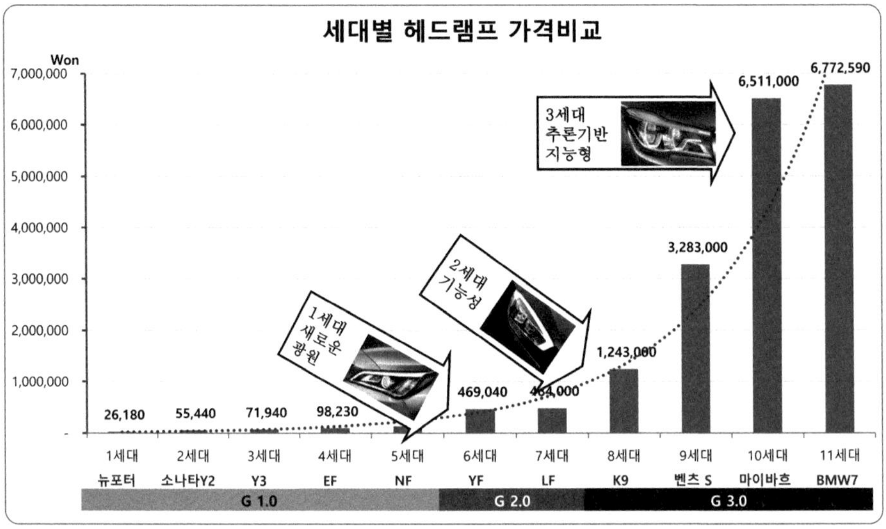

[출처] SK증권, Carmedia

M2-3 세상의 변화

KBS NEWS　　분야별 ▾　시사·다큐 ▾

체조 'AI 심판' 도입…양학선 "도쿄 금메달 청신호!"

입력 2019.03.19 (21:51) | 수정 2019.03.19 (21:59)　　뉴스 9

이세돌과 인공지능, 알파고가 세기의 바둑 대결을 펼친 뒤 3년.
체조에서도 인공지능, AI가 직접 채점하는 심판 역할을 맡습니다

경기장에 설치된 네모난 기계에 탑재된 초정밀, 고선명 레이저 센서가
모든 각도에서 선수 동작을 포착합니다
10월 세계선수권대회부터 도입돼 도쿄올림픽에도 시행될 AI심판입니다
최고 도약 높이부터 점수 요소 전부가 계량화되는 겁니다
2년 동안 각종 대회에서 선수 동작을 데이터화해 알고리즘을 만들었습니다

M2-3 세상의 변화

contact

uncontact

Module 3 주목받는 발명품

Contents

M3-1 제품과 상품

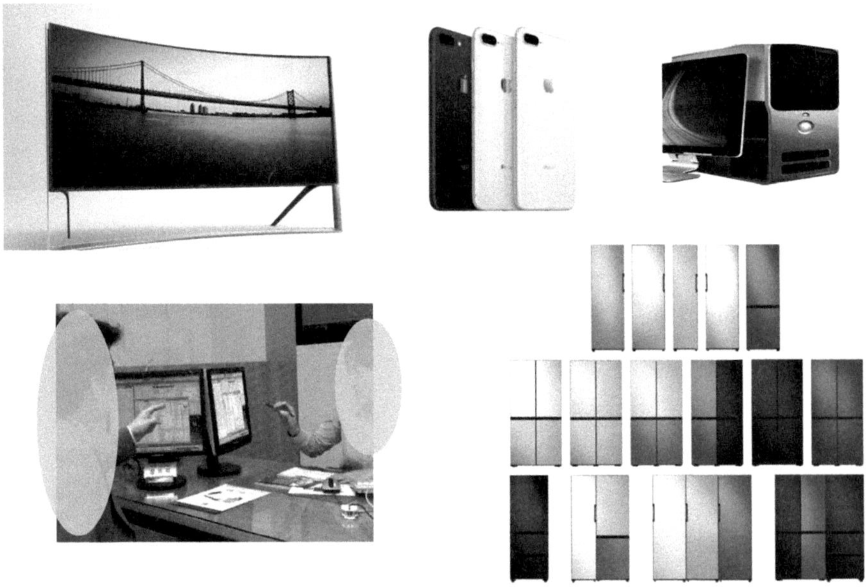

[이미지 출처] 삼성전자 홈페이지 외

M3-1 제품과 상품

- **제품이란?**
  - 고객이 원하는 것(Wants, Needs)을 충족시키기 위해 제공할 수 있는 모든 것으로서 고객에게 제안하는 항목(Item) 또는 서비스이며, 물리적인 제품이나 서비스로 존재
  - 소비자는 제품을 구매하는 것이 아니라 제품이 가진 가치를 구매 하는 것

- **제품의 본질**
  - 구매자가 구매하고자 하는 것은 무엇인가
    - 자 동 차 : 빠르고 편리하고 안전한 운송수단
    - 냉 장 고 : 식품을 오랫동안 신선하게 저장하기 위함
    - 아스피린 : 통증 완화를 위해 구매
    - 재무컨설팅 : 안전하게 맡길 수 있고 자산의 증식을 기대하는 마음으로 구매

[출처] https://seo-apl.tistory.com/28 (세오의 어필로그)

M3-1 제품과 상품

- 제품 : 원료를 써서 물건을 만듦 또는 그렇게 만들어 낸 물품
  - 흔히 소재(재료)가 무엇인가, 견고한가, 오래 쓸 수 있는 것인가 등의 비유로써 활용되며 한 마디로 가공된 물품을 말함
- 상품 : 사고 파는 물품, 매매를 목적으로 한 유형 · 무형의 재화
  - 이미 가공된 '제품'을 의미하는 것과는 다르게 '서로 거래되는 것'에 더욱 초점을 둠
  - 거래가 잘 되는 것인가, 요즘 유행하는 것인가, 유명한 메이커인가 등을 더욱 고려하는 것이 '상품'
  - 소비자가 구입을 하고자 하는 데에 있어서의 매력을 찾고, 그 가치를 얻게 되는 모든 유·무형의 재화를 말할 수 있습니다.

[볼보_Volvo 자동차 사례]
자동차 제품을 판매하는 것이 아닌 '안정감, 안전, Safty' 라는 상품 가치를 강조함으로써
가공되어진 제품 자체의 원재료나 기능적인 부분보다
구매활동을 함으로써 얻게 되는 매력에 초점을 두는 것이 더욱 큰 고부가가치를 창출할 수 있다
따라서 제품의 장점 보다는 그 가치가 무엇인지를 먼저 소비자에게 알리는 것이 중요

[출처] https://seo-apl.tistory.com/28 (세오의 어필로그:티스토리)

M3-1 제품과 상품

- Needs (필요)
  - 기본적이고 필수적인 요구 사항을 의미
  - 사람의 생존과 기본적인 안녕을 유지하기 위해 반드시 필요한 것
  - 인간의 본능적인 욕구로, 식량, 의류, 주거, 안전, 건강 등이 포함
  - 인간의 생리적, 심리적 요구를 충족시키기 위해 반드시 채워져야 한다
- Wants (욕구)
  - 특정 필요를 충족시키기 위한 구체적인 형태나 방법을 의미
  - 개인의 문화, 사회적 배경, 개인적 취향 등에 따라 다양하게 나타남

Needs	Wants
식량, 물, 의류, 주거, 의료, 교육	특정 브랜드의 옷, 특정 요리, 특정 지역의 주택
배고픔 해소	스테이크 같은 특정 음식을 먹고 싶은 욕구
이동 수단	고급 자동차, 전기 자전거
기본적인 필요를 충족시키는 기능 강조	차별화된 기능, 브랜드 이미지, 라이프스타일강조

[출처] OpenAI. (2024). ChatGPT. Retrieved from https://www.openai.com/chatgpt
Investopedia - Needs vs. Wants / Harvard Business Review - Understanding Customer Needs

M3-2 제품과 상품의 진화

- **제품 수명주기(PLC _ product life cycle)**
  - **한 제품이 시장에 나타나서 사라질 때까지의 과정**

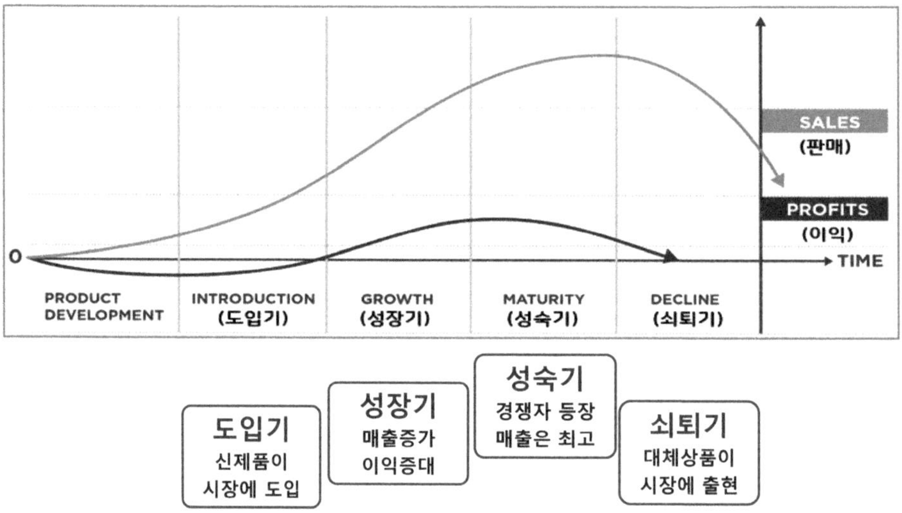

[출처] 담덕의 경영학 노트

M3-2 제품과 상품의 진화

- **모든 제품과 상품은 계속 진화**
  - **냉장고의 진화**

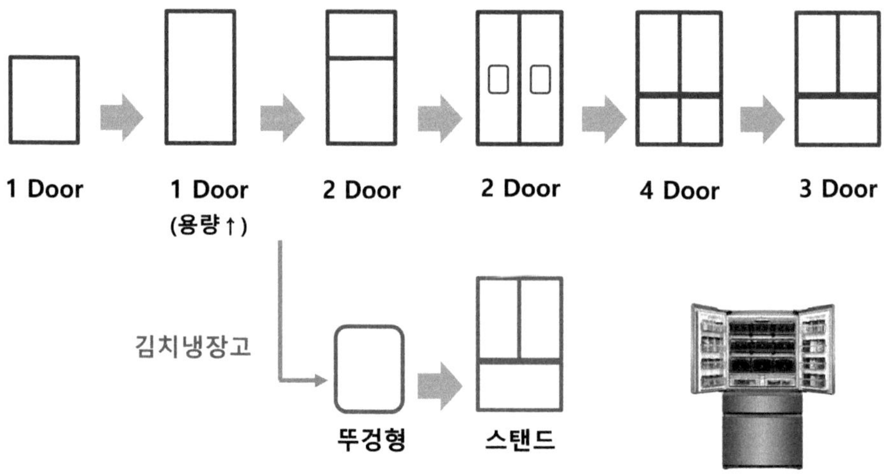

M3-2 제품과 상품의 진화

- 모든 제품과 상품은 계속 진화
  - 세탁기의 진화

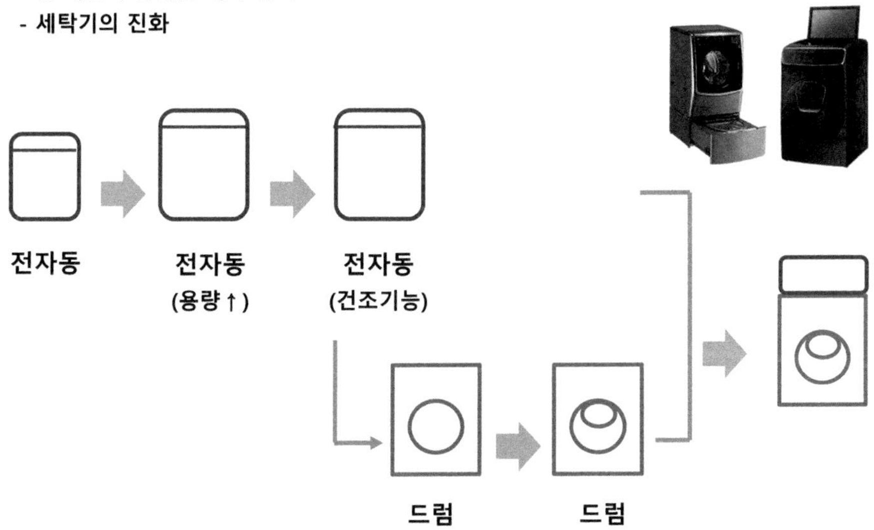

M3-2 제품과 상품의 진화

- 고객이 원하는 것(Wants, Needs)을 충족시키기 위해 발전

[이미지 출처] 삼성전자 홈페이지

M3-3 미국, '타임지' 선정 최고의 발명품

- 2001년 부터 미국 타임지가 "최고의 발명품" 선정
  - 매년 다양한 분야에서 혁신적인 제품과 기술을 선정하여 소개
  - 기술, 건강, 환경, 디자인 등 여러 분야
  - 선정 방법은 전 세계 편집자와 특파원들의 추천을 받아 평가 기준에 따라 선정

▶ 선정된 발명품 소개
- 2001년 ~ 2002년
- 2017년 ~ 2013년

[이미지 출처] https://blog.naver.com/jhong2282/222185797451

M3-3 미국, '타임지' 선정 최고의 발명품

2001년

- **세그웨이**(Segway)
  짧은 거리 이동에 혁신적인 변화
- **아비오코어 인공 심장**(AbioCor Artificial Heart)
  심장 이식 필요 환자들에게 새로운 생명 제공
- **아이팟**(iPod)
  음악 산업에 큰 변화
- **리퀴드메탈**(Liquidmetal)
  강도와 경도가 뛰어난 금속 합금
- **바이오센서**
  건강 상태를 모니터링할 수 있는 기술

[출처] OpenAI. (2024). ChatGPT. Retrieved from https://www.openai.com/chatgpt
[이미지 출처] Generated by OpenAI's DALL-E, 2024.8.2

M3-3 미국, '타임지' 선정 최고의 발명품

2002년

- **3-D 온라인 환경**
  실감나는 3D 가상 세계
- **Foveon X3 기술**
  디지털 카메라 센서에 혁신
- **지구 시뮬레이터(Earth Simulator)**
  기후 모델링과 지구과학 연구에 활용
- **가상 키보드(Virtual Keyboard)**
  레이저 빔을 사용해 붉은 키보드 형상 투사
- **로봇 진공청소기(Roomba)**
  자동으로 청소하며 장애물 회피와 계단 감지

[출처] OpenAI. (2024). ChatGPT. Retrieved from https://www.openai.com/chatgpt
[이미지 출처] Generated by OpenAI's DALL-E, 2024.8.2

M3-3 미국, '타임지' 선정 최고의 발명품

2017년

- **Jibo**
  감정 표현과 반응을 보여주는 개인용 로봇
- **eSight 3**
  시각 장애인을 위한 강력한 안경
- **Apple iPhone X**
  엣지 투 엣지 화면, 얼굴 인식 잠금 해제 기능
- **Tesla Model 3**
  전기 자동차, 한 번 충전으로 220마일을 주행
- **Willow Pump**
  휴대용 배터리로 작동하는 착용형 유축기

[출처] OpenAI. (2024). ChatGPT. Retrieved from https://www.openai.com/chatgpt
[이미지 출처] Generated by OpenAI's DALL-E, 2024.8.2

Reference

스마트폰, '아이폰 X(iPhone X)'

- **미지수 X가 아니라 로마표기로 숫자 10을 의미**
  - '아이폰텐'이라고 읽는 게 정확한 표현
- **얼굴인식 로그인**
- **화면을 가장자리까지 넓게 이용**
- **홈 버튼과 3.5mm 헤드폰 잭 제거**
  - 추가 액세서리 구매 불편
- **앞으로 아라비안 숫자로 명명되는 아이폰은 9까지가 발표될 가능성이 있고 아이폰X은 그전까지 새로운 경험들로 사용자들을 유입**

1	2	3	4	5	6	7	8	9	10
I	II	III	IV	V	VI	VII	VIII	IX	X
i	ii	iii	iv	v	vi	vii	viii	ix	x

M3-3 미국, '타임지' 선정 최고의 발명품

2018년

- **Aira**
  시각 장애인용 주변 설명 및 안내 구독 서비스
- **Grypmat**
  고마찰 소재로 제작된 도구 상자 (표면 보호)
- **Sheerly Genius**
  방탄조끼 섬유소재 내구성 강한 팬티스타킹
- **Universal Lid**
  보편적인 뚜껑으로 다양한 크기의 냄비 맞춤
- **iRobot Roomba i7+**
  스스로 비워지는 로봇 진공 청소기

[출처] OpenAI. (2024). ChatGPT. Retrieved from https://www.openai.com/chatgpt
[이미지 출처] Generated by OpenAI's DALL-E, 2024.8.2

M3-3 미국, '타임지' 선정 최고의 발명품

2019년

- **OrCam MyEye 2**
  시각 장애인을 위한 인공지능 기반의 비서
- **Omron HeartGuide**
  혈압 모니터 기능이 있는 스마트워치
- **Theranica Nerivio**
  편두통을 완화하기 위한 웨어러블 장치
- **AeroFarms**
  수직 농업 기술을 이용한 실내 농업 시스템
- **MiniMeis**
  아이를 어깨에 앉힐 수 있는 휴대용 의자

[출처] OpenAI. (2024). ChatGPT. Retrieved from https://www.openai.com/chatgpt
[이미지 출처] Generated by OpenAI's DALL-E, 2024.8.2

M3-3 미국, '타임지' 선정 최고의 발명품

2020년

- **B2 Mask**
  재사용 가능한 마스크(Breathe99에서 개발)
- **Dyson Corrale**
  머릿결 손상을 줄이는 헤어 스트레이트너
- **Sony PlayStation 5**
  차세대 게임 콘솔
- **Johns Hopkins Coronavirus Resource Center**
  코로나19 관련 데이터를 제공하는 리소스 센터
- **Supernatural**
  가상 현실(VR) 피트니스 앱

amazon.co.uk

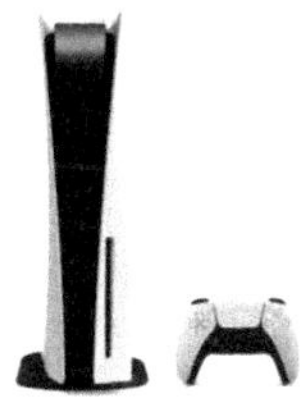

https://www.pcmag.com/reviews/sony-playstation-5

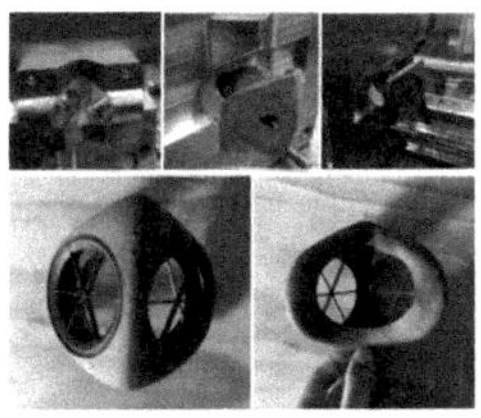

https://www.kickstarter.com/projects/breathe99/the-b2-mask-innovative-respiratory-protection/posts/2870279

[출처] OpenAI. (2024). ChatGPT. Retrieved from https://www.openai.com/chatgpt

M3-3 미국, '타임지' 선정 최고의 발명품

2021년

- **Percepto AIM**
  드론과 로봇을 사용하여 긴급 대응 및 보안 소프트웨어
- **ElectReon**
  아스팔트 도로 밑에 설치된 코일을 통해 전기차를 무선으로 충전하는 시스템
- **OrCam Read**
  시각 장애인을 위한 텍스트 읽기 장치
- **SupPlant**
  농업 데이터를 수집하고 분석하여 저렴한 관개 권장 사항을 제공하는 솔루션
- **SAVRpak**
  음식물 포장용 습기 제거 패치

[출처] OpenAI. (2024). ChatGPT. Retrieved from https://www.openai.com/chatgpt
[이미지 출처] Generated by OpenAI's DALL-E, 2024.8.2

M3-3 미국, '타임지' 선정 최고의 발명품

2022년

- **Audeze Filter**
  소음 제거 기술을 사용하는 휴대용 스피커
- **Roli Seaboard Rise 2**
  소리 탐험을 위한 혁신적인 키보드
- **Sony LinkBuds**
  외부 소리를 직접 전달하는 무선 이어폰
- **NASA James Webb Space Telescope**
  우주 관측을 위한 가장 강력한 망원경
- **ICON House Zero**
  3D 프린팅 기술로 제작된 주택.

[출처] OpenAI. (2024). ChatGPT. Retrieved from https://www.openai.com/chatgpt
[이미지 출처] Generated by OpenAI's DALL-E, 2024.8.2

M3-3 미국, '타임지' 선정 최고의 발명품

2023년

- **Alitheon**
  물체의 고유 식별자를 생성하고 관리하는 이미지 기반 기술
- **Katalyst**
  전기 근육 자극을 사용하는 가정용 운동 기기
- **Amazon Echo Hub**
  벽걸이형 스마트 홈 제어 장치
- **Goodbill**
  의료 청구서의 숨겨진 비용을 찾아내고 분쟁을 해결하는 도구
- **Mill**
  음식물 쓰레기를 처리하는 전기 쓰레기통

[출처] OpenAI. (2024). ChatGPT. Retrieved from https://www.openai.com/chatgpt
[이미지 출처] Generated by OpenAI's DALL-E, 2024.8.2

Reference

[AI가 생각하는 최고의 발명품 10가지]

① 전기 : 현대 문명의 근간을 이루는 전력 공급
② 인터넷 : 정보와 소통의 혁명을 가져온 글로벌 네트워크
③ 항생제 : 수많은 생명을 구한 감염 치료제
④ 내연기관 : 자동차와 산업화의 핵심 동력
⑤ 컴퓨터 : 데이터 처리와 계산을 혁신적으로 변화시킨 장치
⑥ 휴대폰 : 개인 간 소통 방식을 바꾼 이동 통신 기기
⑦ 바퀴 : 물리적 이동과 운송의 혁명적 발명
⑧ 항공기 : 장거리 여행과 물류의 변화를 가져온 비행 기술
⑨ 인쇄술 : 지식의 대중화를 가능하게 한 혁신
⑩ 백신 : 전염병 예방과 건강 증진의 중요한 수단

→ 이 발명품들은
'현대 사회의 발전'과 '삶의 질을 크게 향상'시키는 데 중요한 역할을 했습니다.

[출처] OpenAI. (2024). ChatGPT. Retrieved from https://www.openai.com/chatgpt

Module 4 기계공학 이해

Contents

M4-1 기계공학 개요

- 기계공학
  - 물리학의 법칙과 엔지니어링 원칙을 사용하여
    기계, 장비 및 시스템을 설계, 분석, 제조하고 유지하는 과학
  - 효율성, 성능, 안전성을 최적화하면서 경제적이고 실용적인 솔루션 도출

- 핵심 원리 및 기술역학
  - 정역학/동역학 : 힘의 균형과 움직이는 물체에 작용하는 힘을 연구
  - 열역학 : 열과 다른 형태의 에너지 간의 관계를 이해하고, 이를 통해 기계 시스템에서
    에너지를 효율적으로 사용하고 변환하는 방법 설계
  - 재료 과학 : 기계 부품을 만드는 데 사용되는 적절한 재료 선택

- 응용 분야
  - 자동차 공학, 항공 우주 공학, 로봇공학, 에너지 시스템, 생산 기술

[출처] OpenAI. (2024). ChatGPT. Retrieved from https://www.openai.com/chatgpt

M4-1 기계공학 개요

- 정역학/동역학 : 캔 따개 개발

[출처] 10대에게 권하는 공학, 글담출판 한화택지음

M4-1 기계공학 개요

- **Leverage (레버리지)**
  - (격식) **영향력**
  - (전문 용어) **지렛대 사용, 지렛대의 힘**

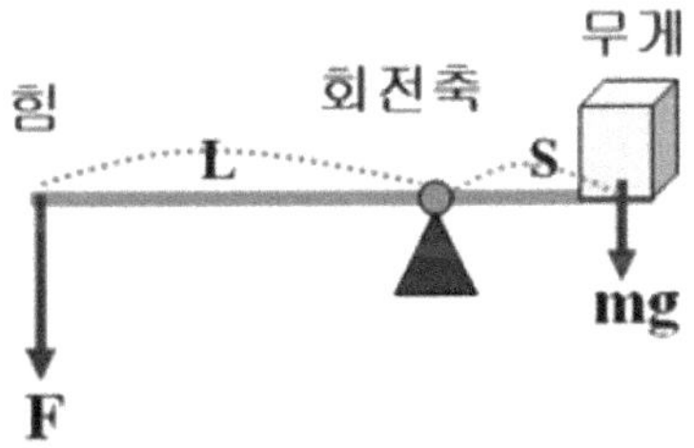

[이미지 출처] https://blog.naver.com/juninho1/220305893588

M4-1 기계공학 개요

- **정역학/동역학 : 캔 따개 개발(지렛대 원리 활용)**

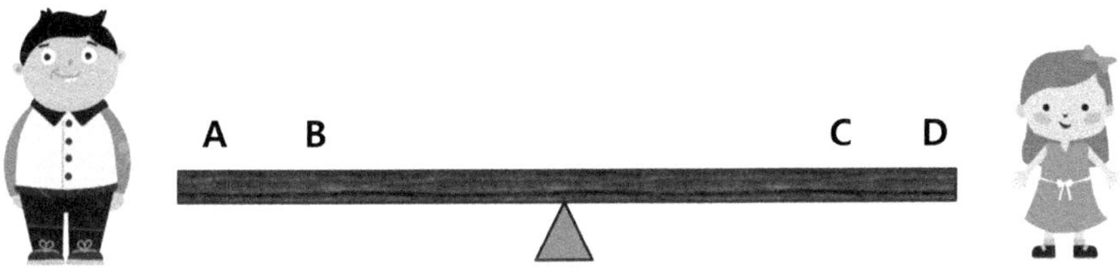

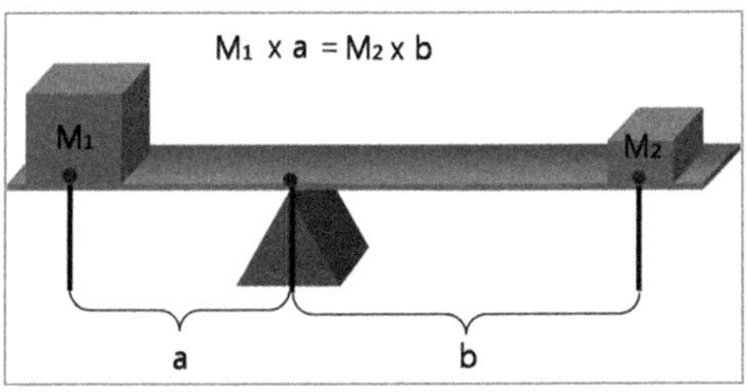

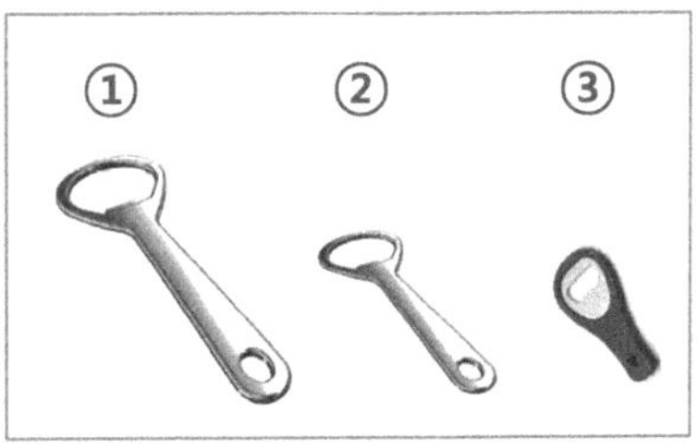

[출처] 10대에게 권하는 공학, 글담출판 한화택지음

M4-1 기계공학 개요

- 열역학 : 증기기관
  - 물이 끓을때 생기는 증기의 힘으로 기계를 돌려 동력을 얻는 기계
  - 에너지 변환 (열에너지 → 운동에너지)

석탄, 석유, 가스, 전기, 태양열

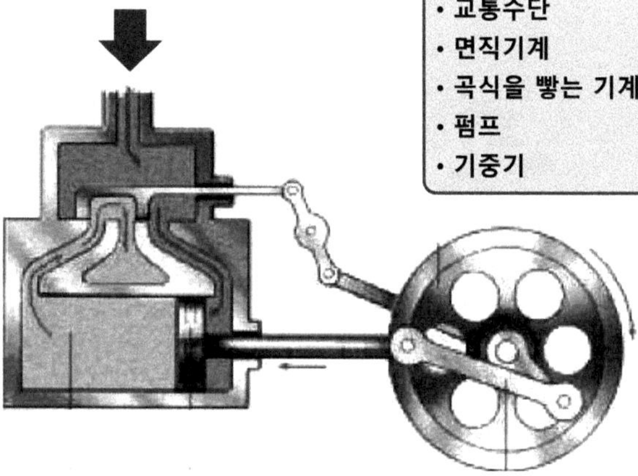

- 교통수단
- 면직기계
- 곡식을 빻는 기계
- 펌프
- 기중기

M4-1 기계공학 개요

- 열역학 : 증기기관

헤론의 공 (헤론) ⇨ 증기기관 (토마스 뉴커먼) ⇨ 증기기관 (제임스 와트)

고대 그리스 시대

1705년

1790년대

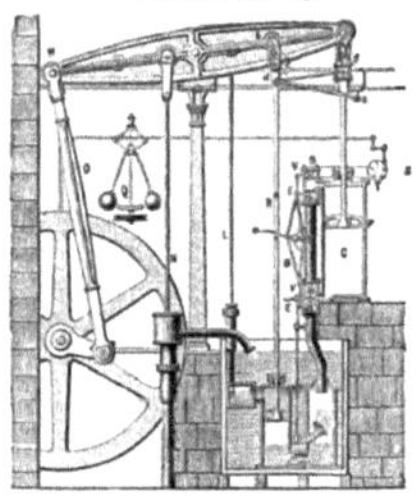

대단한 발명도 백지 상태에서 시작하는 것이 아니라
여러 사람이 이루어 온 바탕 위에서 이루어 집니다

벤치마킹

[출처] 10대에게 권하는 공학, 글담출판 한화택지음

M4-1 기계공학 개요

- 재료 과학 : Fe-C 선도(철-탄소 평형상태도)
  - 철과 탄소가 혼합된 합금의 다양한 조성과 온도에 따라 발생할 수 있는 여러 상태(상)

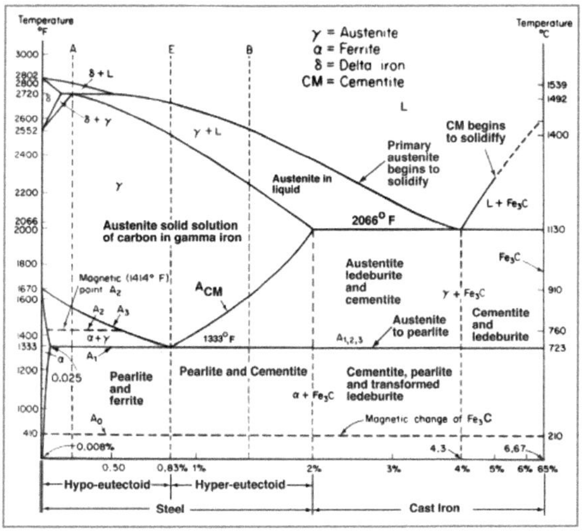

[출처] https://cafe.naver.com/classnight, 한밭대학교 기계공학과 카페

M4-1 기계공학 개요

- 산업의 연계성

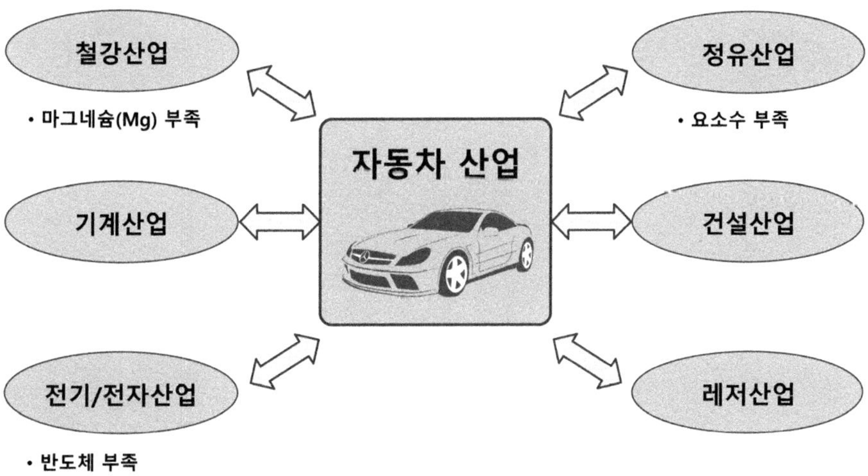

M4-1 기계공학 개요

- 도면 작성 사례 : 3각법

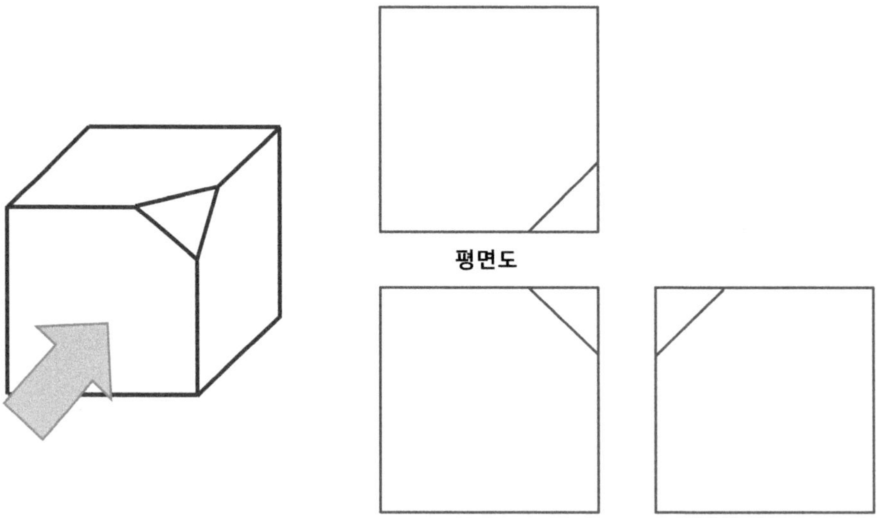

M4-1 기계공학 개요

- 도면 작성 사례 : 3각법

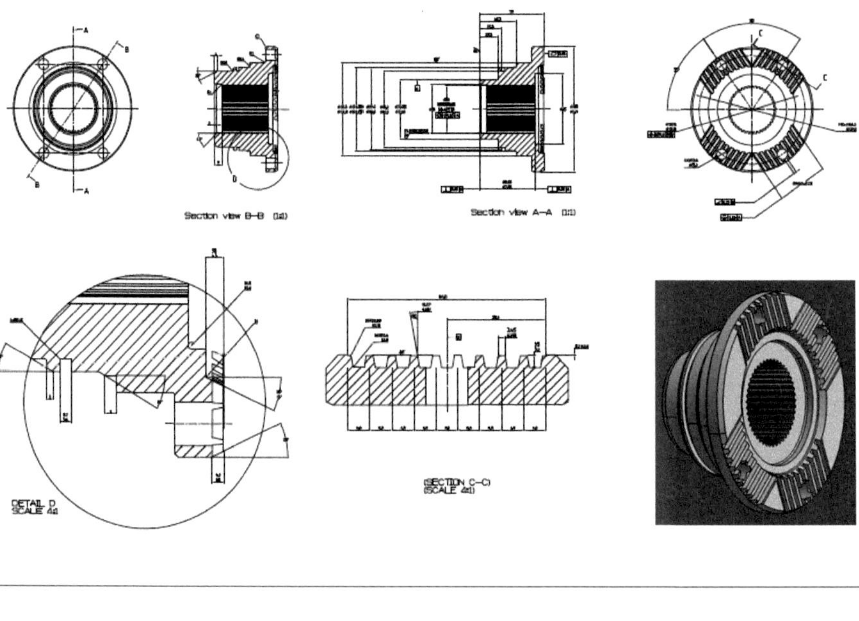

M4-1 기계공학 개요

- 레오나드로 다빈치
  - 낙하산, 방적기계, 거중기, 선반, 펌프, 바람방아, 비행기 등 다수 발명
  - 과학과 예술을 겸비한 이상적인 엔지니어

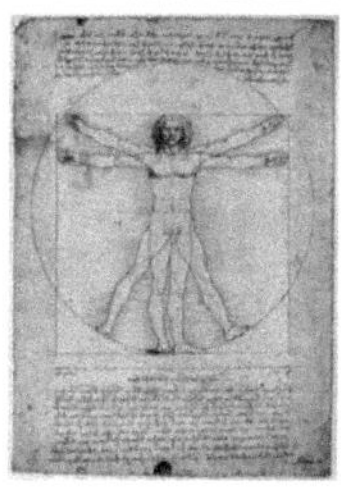

[출처] 10대에게 권하는 공학, 글담출판 한화택지음

M4-1 기계공학 개요

- 세계적으로 공학이 주목 받은 첫 번째 사건
  - 증기기관 발명 (농경산업 → 산업사회)

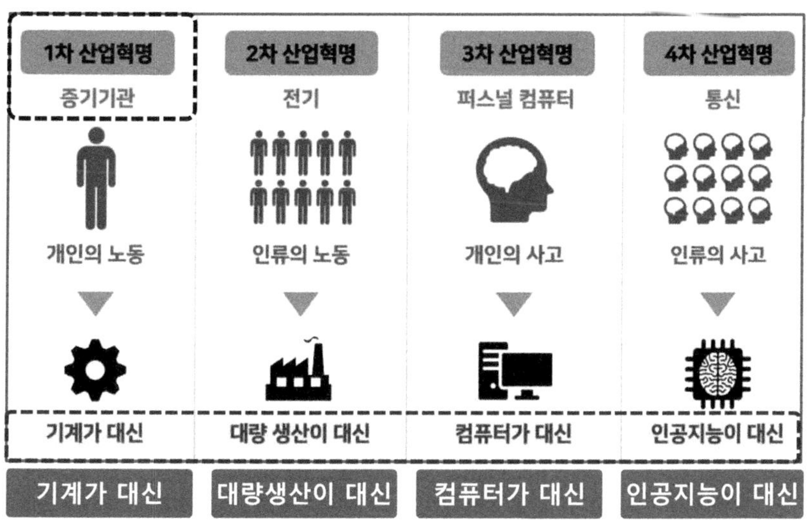

[출처] zum허브, http://hub.zum.com/ppss/7314

M4-1 기계공학 개요

▪ 신기술의 갈등

• 교통수단 / 면직기계 / 곡식을 빻는 기계 / 펌프 / 기중기

수공업 (숙련기술자) ⇨ 기계화 ⇨ 숙련기술자 경쟁력 저하 ⇨ 기계 작업 노동자 ⇨ 실업발생

※ 러라이트 운동(Luddite, 신기술 반대자)
- 노동자들은 자신들의 생활고를 기계의 탓으로 돌리며 기계파괴 운동을 조직적으로 행함

▶ 4차 산업혁명시대 인공지능에 대한 우리의 자세

• 인공지능과 경쟁하기 보다는 인공지능을 어떻게 잘 활용할지 고민해야 한다.
• 컴퓨터보다 더 빠르고 정확하게 계산하려 하지 말고 컴퓨터를 잘 활용해야 한다.

[출처] 10대에게 권하는 공학, 글담출판 한화택지음

M4-2 공작기계

구멍 뚫는 기계

시추 작업을 보여주는 레흐미르 무덤 (테반 무덤 100)의 벽 부조(Davies 1935: pl. 52).

▪ 기계공작
우리가 생활하는 데 필요한 물건을 만들기 위해 기계를 이용하여 여러 가지 재료에 열이나 기계적인 힘을 가해 변형시키거나 불필요한 부분을 제거하는 일

▪ 기계공작법
기계를 이용하여 제품을 만드는 모든 가공법

[이미지 출처] https://journals.ed.ac.uk/lithicstudies/article/download/1642/2305?inline=1

M4-2 공작기계

- 작업에 적합한 공구는?

①

②

③

④

⑤

⑥

⑦

⑧

M4-2 공작기계

- 새로운 제품을 개발하려면, 새로운 공작기계와 가공법의 개발이 필수

M4-2 공작기계

▪ 기계공작법의 분류

- 기계 공작
  - 절삭 가공
    - 공구에 의한 가공
      - 고정공구 가공 — 선삭, 평삭 등
      - 회전공구 가공 — 밀링/드릴 가공 등
    - 입자가공
      - 고정입자 가공 — 연삭, 호닝, 슈퍼피니싱 등
      - 유리입자 가공 — 래핑, 초음파 가공, 액체호닝 등
  - 특수 가공
    - 전기에너지 가공 — 방전/전자빔/레이저/플라즈마 가공 등
    - 광에너지 가공 — 레이저 가공 등
    - 전기 화학적 가공 — 전해 연삭, 전해 가공 등
    - 화학적 가공 — 화학 연삭, 포토에칭 등
  - 비절삭 가공
    - 주조 — 사형 주조, 특수 주조 등
    - 소성 가공 — 압연, 압출, 인발, 단조, 프레스, 전조 등
    - 용접 — 용접, 압접, 납땜 등

M4-2 공작기계

① 선반 : 공작물을 회전 시키고 바이트(bite)에 의하여 절삭 깊이와 이송을 주어 원통형의 공작물 가공

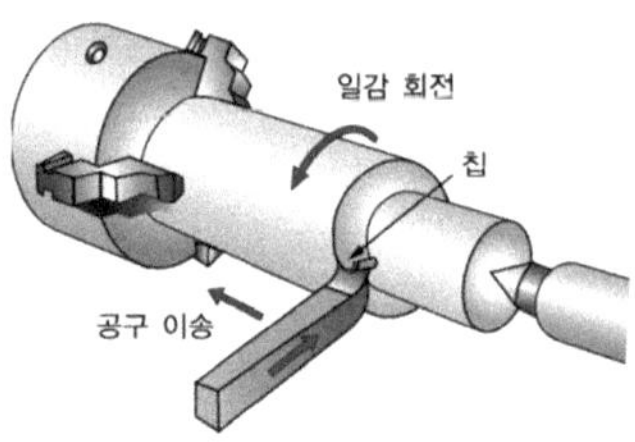

M4-2 공작기계

② **밀링** : 여러 개의 절삭날을 가진 밀링커터(milling cutter)를 회전시키고
공작물을 고정한 테이블을 이송하여 절삭

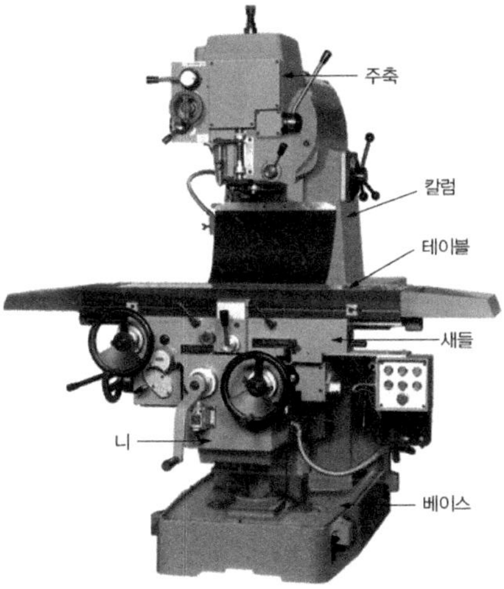

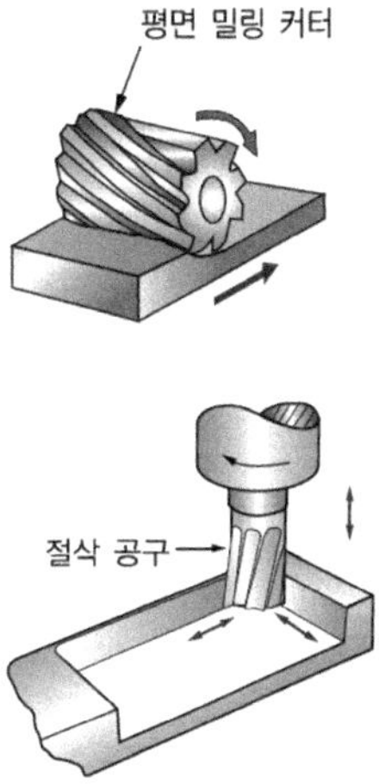

M4-2 공작기계

③ **드릴링머신** : 드릴 공구를 사용하여 구멍을 뚫는 공작 기계로
주축에 드릴날을 고정하여 회전시키고
주축 방향으로 절삭 이송을 주어 공작물 가공

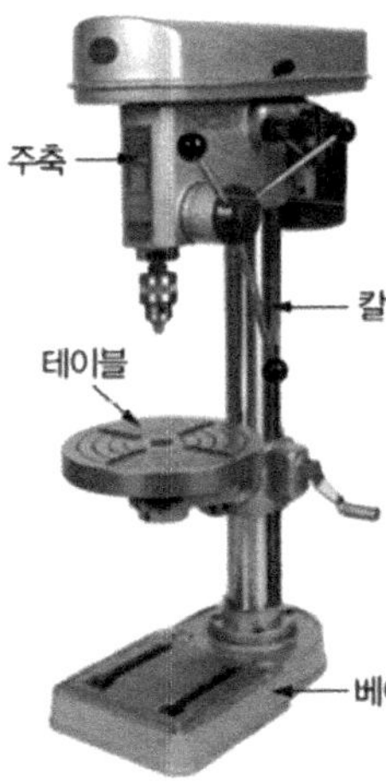

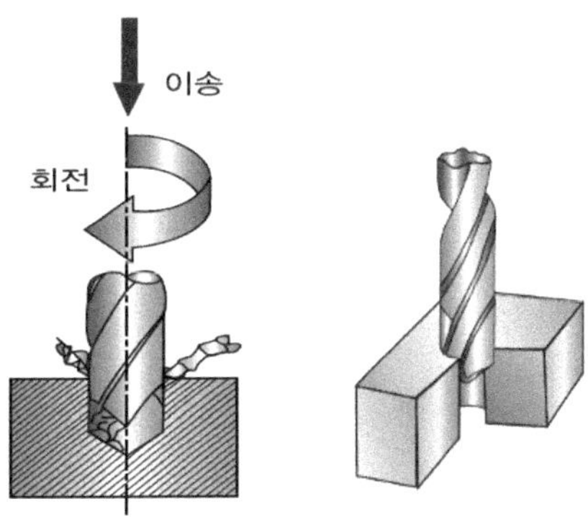

M4-2 공작기계

- **가공방법**

Ⓐ 절삭가공

재료의 불필요한 부분을 제거하여 원하는 데로 최종 형상을 얻는 가공법

Ⓑ 소성가공법

재료에 열이나 압축, 충격 등의 힘을 가하여 모양을 변화시켜 성형하는 가공법

Ⓒ 주조법

금속을 녹이거나 분말로 만들어 형틀에 넣은 뒤 최종 제품의 형상을 만드는 가공법

Ⓓ 접합가공법

용접이나 접착제로 재료를 결합시키는 방법

M4-3 금형 이해

- **금형이란?**
  - 똑같은 형태의 결과물을 반복적으로 생산하기 위한 틀 중 금속으로 만들어지는 형틀
    ① 프레스 금형
    ② 사출 금형

[이미지 출처] https://bbs.ruliweb.com/news/board/300016/read/2335410

M4-3 금형 이해

① 프레스 금형

※ 프레스 : 재료에 힘을 가해 소성변형시켜 굽힘 • 전단 등의 가공을 하는 것

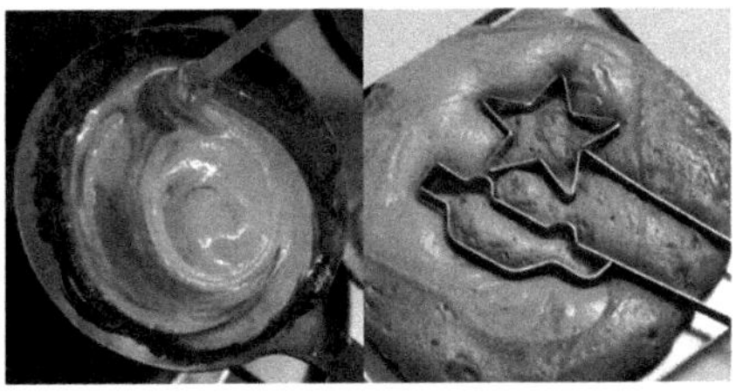

[이미지 출처] https://blog.naver.com/hutu07/221632095195

M4-3 금형 이해

② 사출 금형

※ 사출성형 : 플라스틱을 가열 융해시킨 후 고압으로 금형 내에 사출히어
압력을 유지한 채로 냉각 고화시켜 성형한다

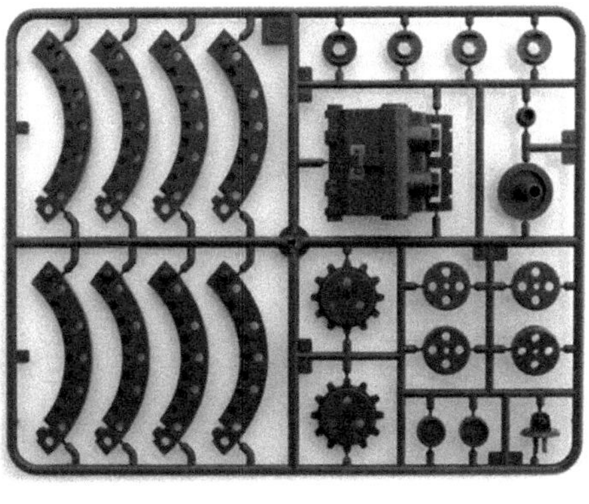

• 생산 수량을 고려하여 효율적인 금형 벌수와 캐비티 결정이 필요함

구 분	캐비티 (cavity)		
수 량	1개	2개	4개
금형비 (예)	3천만원	4천만원	5천민원

* 캐비티
  - 1회 성형으로 생산되는 성형품의 개수

* 금형 1벌, 2벌의 의미는 금형 1set, 2set

Module 5 전자기학 이해

Contents

M5-1 전기공학 개요

- 전자기학은 전하, 전기장, 자기장, 전자기파 등을 연구하는 학문
  - 전기공학 : 높은 전압과 전류 취급
  - 전자공학 : 상대적으로 낮은 전압과 전류 취급
- 18세기 정전기 연구, 19세기말 전기를 이용한 발명품 출시

발전기

운동에너지 → 전기에너지

모터

M5-1 전기공학 개요

발전기	모터
운동에너지 → 전기에너지	전기에너지 → 운동에너지
	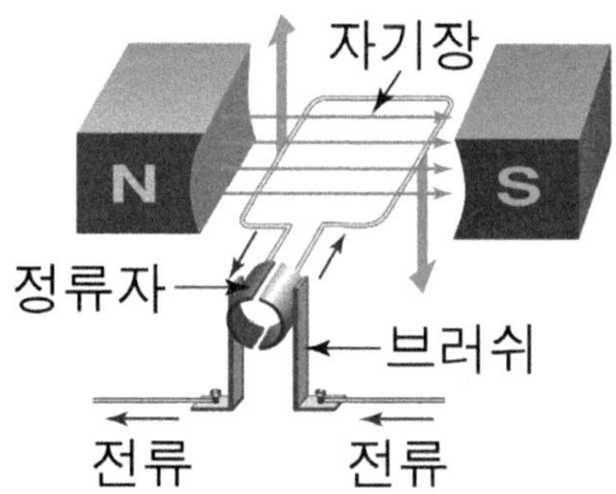

[출처] 한국전력공사

M5-1 전기공학 개요

- 전기표준 시스템
  - 미국의 '전류' 전쟁

천재 발명왕

토머스 에디슨

- 전등
- 축음기
- 전신기
- 1878년 전기조명회사 설립

직류 (DC)

천재 발명가

니콜라 테슬라

※ 에디슨 회사 연구원

교류 (AC)

[출처] 10대에게 권하는 공학, 글담출판 한화택지음

M5-1 전기공학 개요

- 직류/교류, 단상/삼상

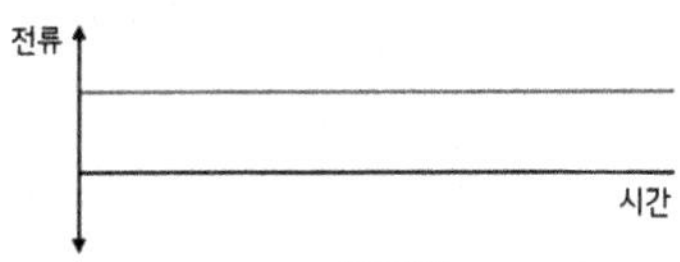

DC(직류)

교류 (단상)

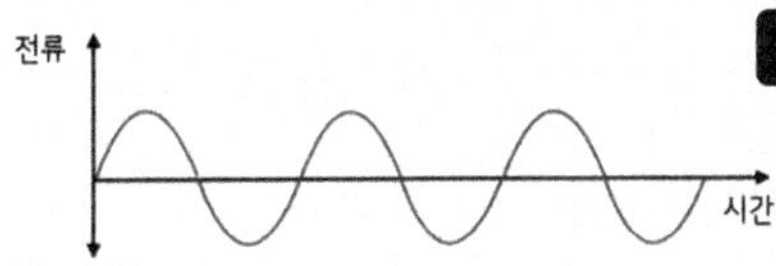

AC(교류)

- **직류 (DC : Direct Current)**
  - 시간에 따라 흐르는 극성 (방향)이 변하지 않는 전류

- **교류 (AC : Alternating Current)**
  - 시간에 따라 그 크기와 극성 (방향)이 주기적으로 변하는 전류
    ※ 주파수(Hz, 헤르츠)
    : 1초 사이에 전류의 극성이 변하는 횟수

교류 (삼상)

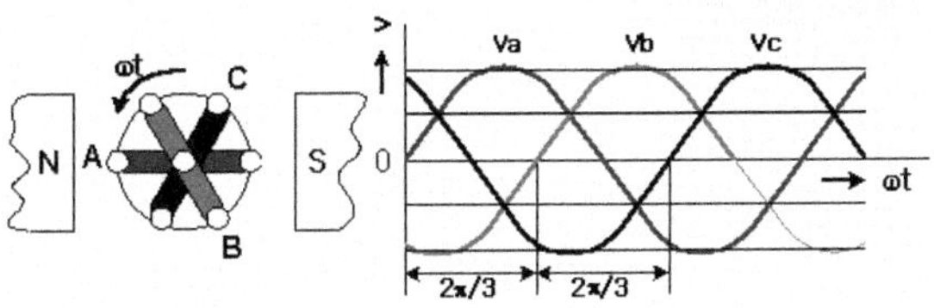

M5-1 전기공학 개요

- **전기**
  - 물질 안에 있는 전자 또는 공간에 있는 자유 전자나 이온들의 움직임 때문에 생기는 에너지의 한 형태
- **전압**(voltage)
  - 도체내 두 점 사이의 단위전하당 전기적인 위치에너지(전위) 차이
  - 전하는 전위가 높은 곳에서 낮은 곳으로 이동
  - 단위 : V(볼트), KV(키로볼트)
- **전류**(electric current)
  - 전하의 흐름
  - 전류가 흐르는 이유는 전자들이 이동하면서 전하를 운반하기 때문이다
  - 단위 : A(암페어), mA(밀리암페어)
    1A=1,000mA
  - 전류의 세기 : 1초 동안 도선의 한 단면을 통과하는 전하의 양

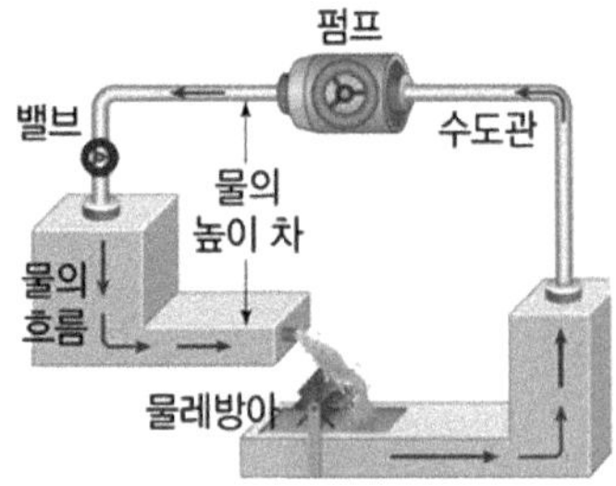

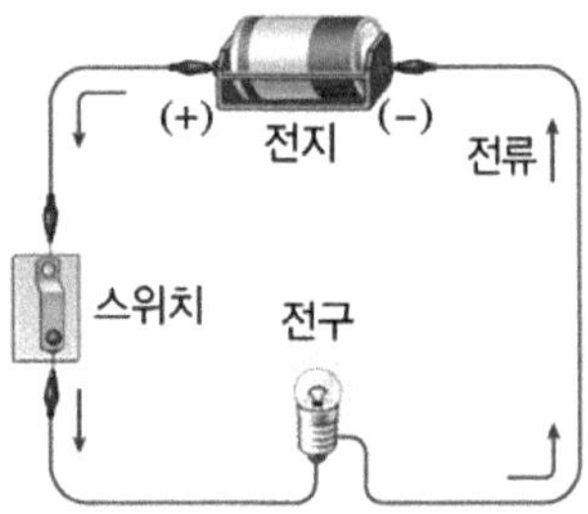

[이미지 출처] https://blog.naver.com/eujean75/222300626615

M5-1 전기공학 개요

- **감전**
  - 신체가 회로의 한 부분이 되었을 때, 전류가 몸을 타고 흘러 신체에 상해를 입히는 현상
  - 상해의 종류로는 화상, 근육 경련, 감전사 등

전류의 크기에 따른 인체의 반응

통과 전류의 크기	1mA	5mA	10mA	15mA	50~100mA
증상	약간 느낀 정도	경련을 일으킨다	불쾌감을 느낀다	강력한 경련을 일으킨다	사망

M5-1 전기공학 개요

- 플러그와 콘센트

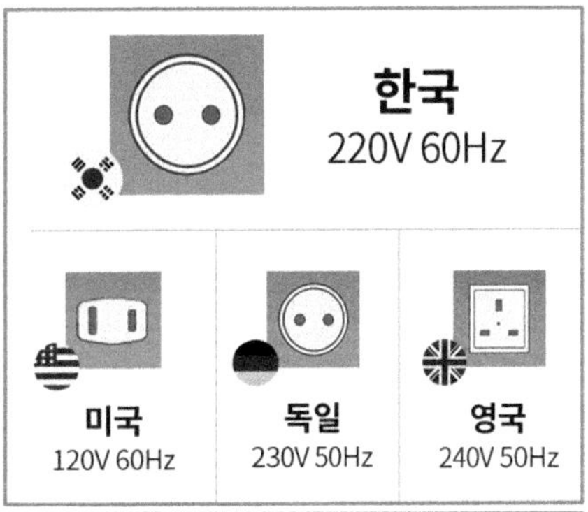

국가	전압	주파수	비고
한국	220V	60Hz	
미국	120V	60Hz	
일본	100V	50/60Hz	동일본 50Hz / 서일본 60Hz
중국	220V	50Hz	
유럽	220V	50Hz	국내보다 플러그가 작음
영국	240V	50Hz	

M5-1 전기공학 개요

- 우리나라 표준전압 변천

110V → **220V**

1973년 ~ 2005년 → **2005년 11월 4일 ~**

- 같은 전력을 소비하는 전자제품은
  전압을 2배로 올리면 소비되는 전류는 절반으로 줄고,
  전선에서 낭비되는 전기도 줄일 수 있었다
  한 교수는 1968년 과학기술 종합지 '과학과 기술'에
  '배전 승압의 경제성'이라는 글을 기고했다
  한 교수가 닦은 이론적 근거로
  1973년 시작한 배전승압 사업은 2005년 32년 만에
  성공적으로 마무리됐다
  한국전력은 당시 설비 증설 없이 발전소 1기를
  대체하는 효과를 얻은 획기적 제안이었다고 평가
  - 한만춘 연세대 명예교수(1921~1984)

M5-1 전기공학 개요

▪ **직류(DC) - 어댑터**

M5-1 전기공학 개요

	상	전압	주파수	전류	소비전력
교류	단상 삼상	220V 110V 240V	60Hz 50Hz	다양함	다양함
직류				다양함	다양함

M5-1 전기공학 개요

- 소비전력
  - 전기 기구가 1초 동안 사용한 전기에너지의 양
  - 단위는 W(와트)
  - 1W는 1V의 전압으로 1A의 전류가 흐를 때의 전력량
  - 숫자가 클 수록 1초 동안 사용한 전기에너지의 양이 많고, 전기세도 많아짐

- 소비전력량
  - 소비전력 x 사용시간
  - 단위는 Wh, KWh (Wxh, KWxh)

구분	소비전력 (W)	연간사용시간 (h)	연간전력사용량 (kWh)
세탁기	130	297	39
다리미	600	37	23
청소기	600	143	86
냉장고	100	8,760	876
드라이기	1,000	84	84
선풍기	55	256	14
에어컨	1,300	256	333
TV	120	1,969	237

[이미지 출처] Generated by OpenAI's DALL-E, 2024.8.5

M5-2 전자공학 개요

- 전자공학
  - 전기적 신호를 사용하여 정보를 서리하고 전달하는 기술과
    시스템 설계, 개발, 테스트 및 유지 관리에 초점을 맞춘 공학 분야

- 전자공학의 주요 개념
  - 회로 이론 : 전자회로의 기본 원리와 분석방법 연구
  - 신호 및 시스템 : 아날로그와 디지털 신호 처리 기술 (신호의 변환, 필터링, 증폭 등)
  - 반도체 소자 : 다이오드, 트랜지스터, 집적회로(IC) 등의 성능과 특성 연구
  - 디지털 시스템 : 논리 게이트, 논리 회로, 마이크로 프로세서 및 컴퓨터 아키텍처 등

- 전자공학의 응용 분야
  - 통신 : 모바일 네트워크, 위성 통신, 인터넷과 같은 데이터 통신 기술
  - 제어 시스템 : 자동차, 항공기, 공장 자동화 시스템에서 사용되는
    다양한 제어 로직 및 알고리즘 개발
  - 컴퓨터 공학 : 하드웨어와 소프트웨어의 상호 작용 설계 및 최적화
  - 로봇공학과 인공지능 : 센서, 액추에이터 및 컴퓨팅 기술을 통합, 자동화된 시스템 설계
  - 생명 공학 : 의료 장비와 시스템 개발

[출처] OpenAI. (2024). ChatGPT. Retrieved from https://www.openai.com/chatgpt

M5-2 전자공학 개요

▪ TV기술 변천사

(1920년대) 기계적 텔레비전
- 기계적 방식으로 이미지생성
- 회전하는 디스크로 이미지 스캔 및 전송

(1930년대) 전자 텔레비전
- CRT(음극선관)를 사용하여 이미지 생성
- 필로 테일러 파넬 발명

(1950년대) 컬러 텔레비전
- 컬러방송 시작
- 흑백에서 컬러로 전환

(1990년대) 디지털 텔레비전
- 아날로그 신호 → 디지털 신호
- 화질 개선, 공간 절약, 다양한 신기능 구현

(2000년대) 평면 화면 및 고해상도
- LCD, 플라즈마 Display 도입
- LED 백라이트 기술 추가
- 고해상도 포맷인 HD 채택으로 훨씬 선명한 이미지를 제공

(2010년대) 스마트TV와 4K 이상의 해상도
- 스마트TV 도입으로 인터넷 연결 및 앱 사용 가능
- 사용자가 스트리밍 서비스를 직접 이용(전통적인 방송 개념 변화)
- 4K UHD(울트라 하이디피니션) 및 8K 해상도 TV 출시

현재와 미래
- OLED(유기발광다이오드) 및 QLED(양자점 발광다이오드)와 같은 최신 디스플레이 기술이 개선된 색상과 명암비 제공
- 접을 수 있는 화면이나 롤러블(Rollable) TV 같은 혁신적인 디자인이 소개

[출처] OpenAI. (2024). ChatGPT. Retrieved from https://www.openai.com/chatgpt

M5-3 전자기학 응용

▪ 전기의 개발로 빛(조명기구) 등장

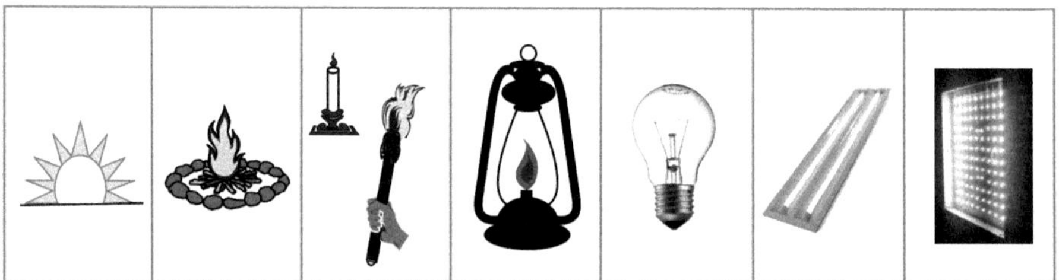

태양	모닥불	촛불/횃불	가스등	백열전구	형광등	LED 등

※ Light Emitting Diode

M5-3 전자기학 응용

- 빛의 단위
  - 루멘 (lumen, lm) : 광속의 단위, 시간당 광원으로 부터 나오는 빛의 양
  - 칸델라 (candela, cd) : 광도의 단위, 1 스테라디안 당 나오는 빛의 세기
    * 1촉 : 촛불 하나를 켤 때의 밝기
  - 룩스 (lux, lx) : 조도의 단위, 단위면적(제곱미터)에 비춰지는 빛의 밝기
  - 니트 (nit, cd/1m^2) : 휘도의 단위, 광원으로부터 복사되는 빛의 밝기

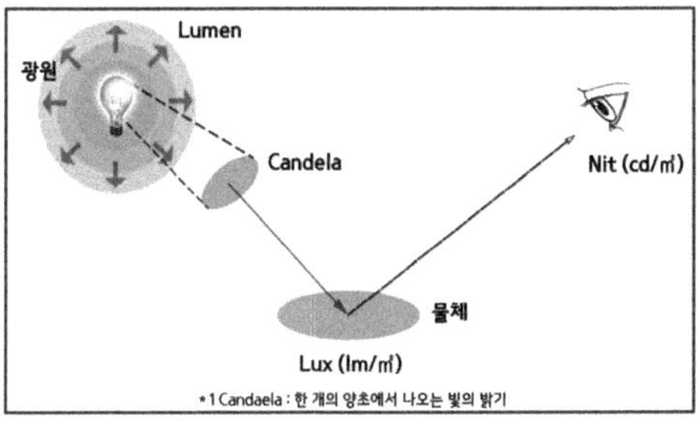

※ 360도 모든 방향으로 빛을 내는 광원이 있을 때
- 이 광원이 내는 빛의 총 양은 광속 (루멘, lumen)
- 한 방향에서 보았을 때의 빛의 밝기를 광도 (칸델라, candela)
- 일정 거리 떨어진 물체의 평균밝기가 조도 (룩스, Illuminance)
- 물체로부터 복사되어 보이는 빛의 밝기를 휘도 (니트, luminance)

M5-3 전자기학 응용

- 자동차 종류별 특성
  - 사용연료에 따라 구분

특성	내연기관차	전기차	하이브리드차	수소차
작동원리	가솔린이나 디젤 같은 화석 연료를 연소하여 엔진 내부에서 동력생성	배터리에 저장된 전기를 모터로 공급하여 동력생성	내연기관과 전기 모터를 동시에 사용	수소 연료전지를 사용하여 전기를 생성, 이 전기로 모터구동
주요 연료	가솔린, 디젤	전기	가솔린, 전기	수소
배출가스	있음	없음	있음 (전기 모드 제외)	없음
연료 효율성	중간	높음	높음	매우 높음
주행 거리	우수	제한적	중간	우수
충전/주유 시간	짧음	장시간	짧음	짧음

[출처] OpenAI. (2024). ChatGPT. Retrieved from https://www.openai.com/chatgpt

M5-3 전자기학 응용

[하이브리드 자동차 개략도]

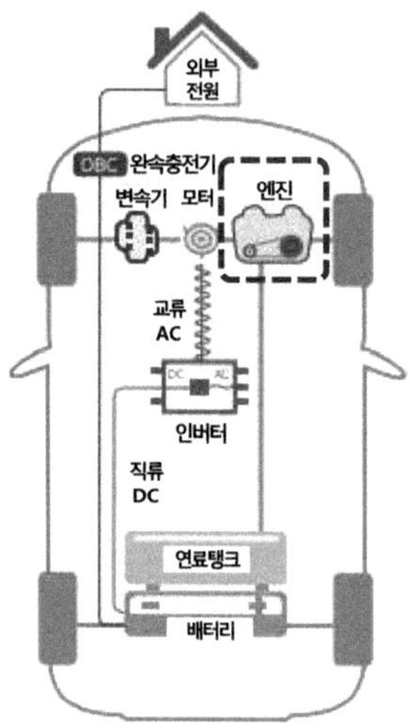

[전기 자동차 개략도]

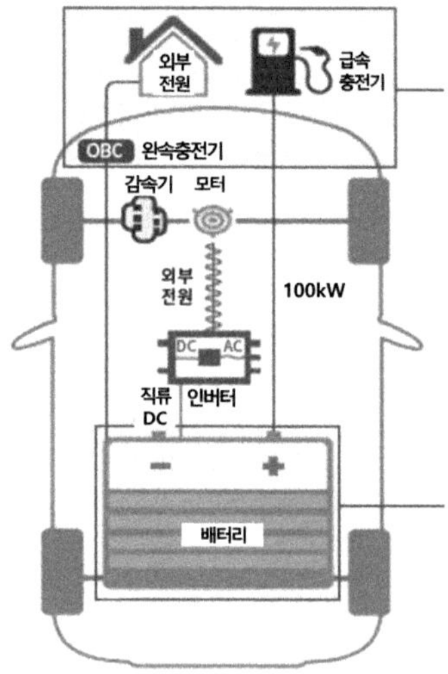

[이미지 출처] https://blog.naver.com/bimmerhan/222310718548

[이미지 출처] https://blog.naver.com/skybbo12/222969923701

M5-3 전자기학 응용

- **전기자동차 충전시스템 (급속충전 vs 완속충전)**

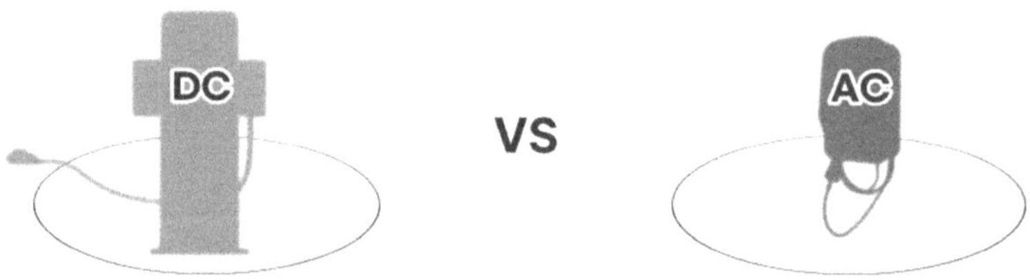

급속충전		완속충전
1시간 이내	80% 충전시간	8시간 이상
50kW 이상	소비전력	3~7kW
약 18,000기	전국 충전기설치수	약 80,000기
상대적으로 비싼편	평균 충전비용	상대적으로 저렴한편
충전기에서 AC를 DC로 변환하여 차량에 충전	충전방식	AC입력을 차량내 온보드 충전장치에서 DC로 변환

[출처] 미션 매거진(Mission Magazine), 데이터로 살펴본 전국 전기차 충전기 (missionmobility.co.kr)

M5-3 전자기학 응용

- 자율주행차 레벨

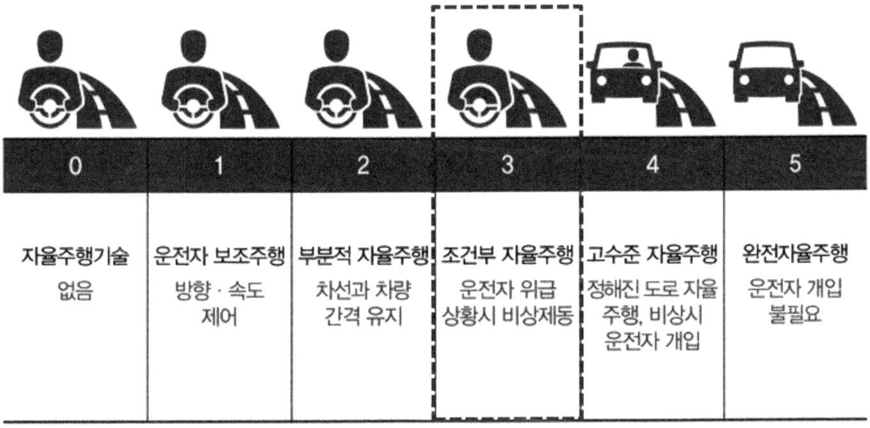

[출처 : 미국자동차공학회(SAE)]

M5-3 전자기학 응용

- 센서
  - 물리적, 화학적, 생물학적 변화를 감지하고
    이를 전기 신호로 변환하여 측정하거나 제어 시스템에 전달하는 장치
  - 기본개념
    입력 : 센서는 특정 물리적 양(온도, 압력, 빛, 움직임)을 감지
    변환 : 감지된 물리적 양을 전기 신호로 변환
    출력 : 변환된 전기 신호를 시스템이 이해하고 처리할 수 있는 형태로 출력
  - 주요 종류
    ① 온도 센서 : 환경 모니터링, 공조 시스템, 전자기기 온도 관리
    ② 압력 센서 : 기계 및 시스템의 압력 측정, 유체 역학 연구, 산업 자동화
    ③ 광 센서 : 조명 제어, 환경 감시, 사진기 및 비디오카메라
    ④ 근접 센서(초음파/적외선/자력) : 로봇 공학, 보안 시스템, 자동문 제어
    ⑤ 가속도 센서 : 모바일 기기, 자동차 에어백 시스템, 운동 측정 기기
    ⑥ 자이로 센서 : 항공기 및 차량 내비게이션, 게임 콘솔, 가상 현실 기기
    ⑦ 가스 센서 : 환경오염 감시, 산업 안전, 실내 공기 질 관리

[출처] OpenAI. (2024). ChatGPT. Retrieved from https://www.openai.com/chatgpt

Module 6 컴퓨터와 통신기술 이해

Contents

M6-1 컴퓨터 개요

▪ 연산도구

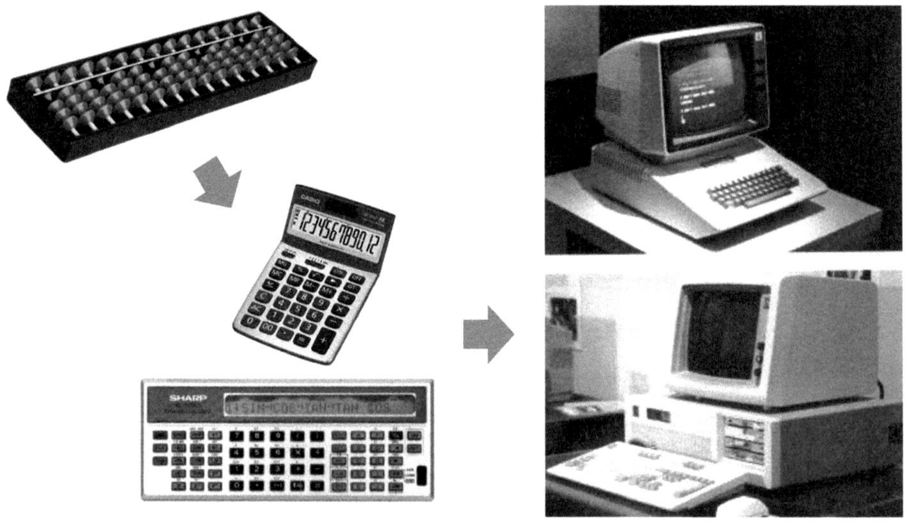

[출처] 10대에게 권하는 공학, 글담출판 한화택지음

M6-1 컴퓨터 개요

▪ 컴퓨터 구성

- 컴퓨터
  - 하드웨어 (H/W)
    - • 물리적 기계장치를 의미
    - 본체
      - 중앙처리장치 (CPU) — 연산장치, 제어장치
      - 주기억장치 — ROM, RAM
        - • 주기억장치/보조기억장치
    - 주변장치
      - 입력장치 — 키보드, 마우스
      - 출력장치 — 모니터, 프린터
      - 보조기억장치 — 하드디스크, CD-ROM
  - 소프트웨어 (S/W)
    - 시스템 소프트웨어
    - 응용 소프트웨어
    - • 시스템을 동작시키고 임의의 작업처리를 위한 순서와 방법을 지시하는 프로그램 집합

M6-1 컴퓨터 개요

- 컴퓨터 운영체제(Operating System)
  - 컴퓨터의 하드웨어를 제어하고
    응용 소프트웨어를 위한 기반 환경을 제공하여,
    사용자가 컴퓨터를 사용할 수 있도록 중재 역할을 하는 소프트웨어

OS

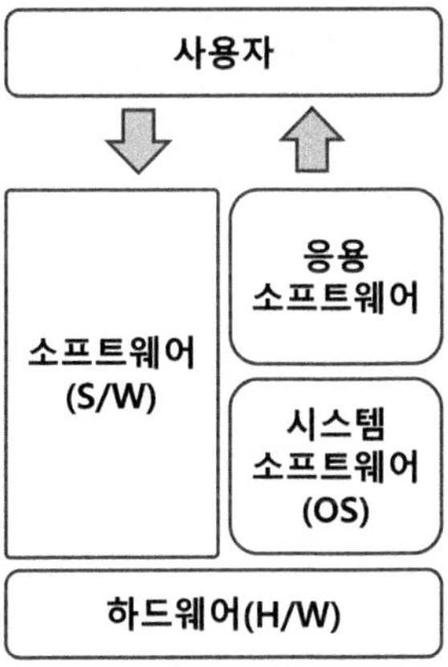

- Excel, Power point, MS word, 아래한글 ...
- 유닉스, 윈도우즈, OS X, 안드로이드, Ios, Mac OS 등
  - 언어 처리기, 자료집 프로그램, 통신 유틸리티 프로그램,
    진단 프로그램, 적재 프로그램(기억장치),
    컴퓨터 프로그램 관리 및 실행 제어

M6-1 컴퓨터 개요

- 윈도우(Windows)
  - 마이크로소프트에서 개발한 컴퓨터 운영체제
  - 멀티태스킹(다중 작업) 능력과 사용자 편의성 탁월

명령어 인터페이스 (Command Line Interface)	→	그래픽 사용자 인터페이스 (Graphical User Interface)
• 키보드로 문자를 입력해 작업 수행		• 마우스로 아이콘 및 메뉴 등을 클릭해 명령

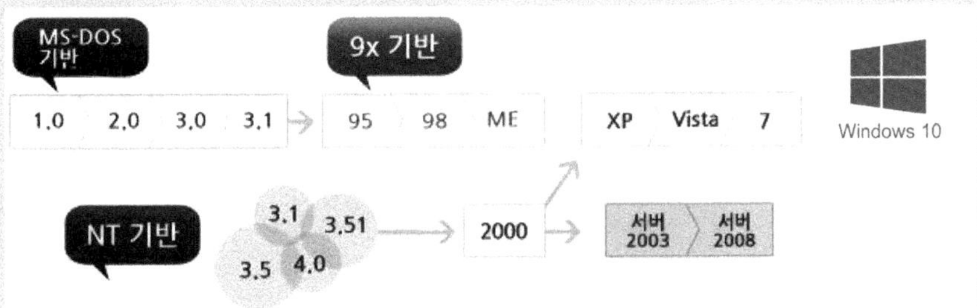

M6-1 컴퓨터 개요

- **DOS**(Disk Operating System) : **초기 개인용 컴퓨터에서 널리 사용된 운영 체제**
  - **텍스트 기반 인터페이스**

DOS 내장 명령어
- CLS
- CD
- COPY
- DIR
- DEL
- MD
- RD
- REN
- VER
- TYPE

DOS 외장 명령어
- FORMAT
- DISKCOPY
- EDIT
- DEBUG
- DISKPART

DOS 기타
- *, ?, >>, /?

M6-1 컴퓨터 개요

- **계산기 → 컴퓨터 → 스마트 폰**

세계최초 컴퓨터 / 최초 상업용컴퓨터

1642년		1685년		1941~1945		1946년
기계식 계산기	→	라이프니츠 휠 (계산기)	→	튜링봄베	→	에니악 컴퓨터
• 덧셈과 뺄셈		• 곱셈과 나눗셈		• 독일군 암호 계산		• 전기/전자식 (30톤)

1971년		1981년		1982년		2007년
인텔 마이크로프로세서	→	IBM 개인용컴퓨터	→	애플 리사(Lisa)	→	스마트폰
• 담뱃값 크기						

[출처] 10대에게 권하는 공학, 글담출판 한화택지음

M6-1 컴퓨터 개요

▪ 컴퓨터 기능

1. 입력 기능 : 외부로 부터 컴퓨터 내부로 정보를 받아 들이는 기능
   키보드, 터치 스크린, 마우스, 스캐너, 카메라, 마이크 등
2. 기억 기능 : 주 기억장치인 메인 메모리칩과 하드디스크, USB메모리 등
3. 연산 기능 : 간단한 계산 부터 복잡한 수식 을 계산하는 기능
4. 제어 기능 : 다른 기능을 지시하는 기능
5. 출력 기능 : 컴퓨터 내에서 처리된 결과를 우리에게 알려 줄 수 있는 기능
   모니터, 프린터, 플로터 등

컴퓨터 중요성

▪ 컴퓨터 없는 생활은 생각하기 어려울 정도로 일반화되어 있다
▪ 오락기계, 워드 프로세서, 신속한 업무처리, 광범위한 정보 검색
→ 컴퓨터는 단순한 기술상품이 아닌 인간의 지능적 한계를 보완하는 도구

M6-1 컴퓨터 개요

▪ 컴퓨터 특징

① 자동성 : 사람이 시키는 대로 자동적으로 충실하게 작업 수행
② 신속성 : 컴퓨터는 전자적 장치로 1초에 1조개의 명령도 처리 가능
③ 정확성 : 데이터 처리가 항상 정확한 결과 출력
④ 신뢰성 : 고장요인이 적어 신뢰도가 높다
⑤ 보유성 : 많은 데이터 저장과 필요한 때에 언제든지 찾아서 사용할 수 있다
⑥ 응용성 : 과학계산, 통계처리 분석, 회계관리 등 다양한 분야에 활용가능

GIGO = Garbage In Garbage Out

- 쓰레기가 들어가면 쓰레기가 나온다
- 잘못된 것을 인식하지 못하고 잘못된 정보를 출력한다
- 창조성(창의성)이 없다
- 번역에 있어 인공지능이 인간을 따르지 못한다 (의역을 못하는 컴퓨터의 한계)

[출처] 10대에게 권하는 공학, 글담출판 한화택지음

M6-2 통신기술 개요

- **인터넷**(Internet)
  - **컴퓨터로 연결하여 TCP/IP**(Transmission Control Protocol/Internet Protocol)**라는 통신 프로토콜을 이용해 정보를 주고받는 컴퓨터 네트워크**
  - **1973년 모든 컴퓨터를 하나의 통신망 안에 연결**(International Network)**하고자 하는 의도에서 이를 줄여 인터넷**(Internet)**으로 명명**

※ TPC/IP 통신규약
- **접속이나 전달방식, 통신방식, 주고 받을 자료의 형식, 오류검출 방식, 코드변환 방식, 전송속도 등**

- **월드 와이드 웹**(World Wide Web, WWW)
  - **인터넷에 연결된 컴퓨터를 통해 정보를 공유할 수 있는 전 세계적인 정보 공간**
  - **웹**(Web)**이라 부르는 경우가 많다**
  - **웹은 전자 메일과 같이 인터넷 상에서 동작하는 하나의 서비스**

[출처] 10대에게 권하는 공학, 글담출판 한화택지음
[이미지 출처] Generated by OpenAI's DALL-E, 2024.8.5

M6-2 통신기술 개요

- **최초의 인터넷 연결은 1969년**

[출처] 10대에게 권하는 공학, 글담출판 한화택지음

M6-2 통신기술 개요

▪ IT(information technology) 용어

http://

• **Hyper Text Transfer Protocol**

: 80port 사용

- **인터넷을 통해 데이터 전송시 가공되지 않은 그대로 전송**
- **보안이 취약함**
- **1989년**

https://

• **Hyper Text Transfer Protocol over** Secure Socket Layer

: 443 port 사용

- **인터넷을 통해 데이터 전송시 암호화되어 전송**
- **보안성을 강화한 프로토콜**

※ 암호화 과정이 거쳐지므로
속도가 약간 느릴 수도 있다

[이미지 출처] Generated by OpenAI's DALL-E, 2024.8.5

M6-2 통신기술 개요

▪ 커뮤니케이션의 변화

[이미지 출처] https://blog.naver.com/hearung7/222983636111

M6-2 통신기술 개요

▪ 커뮤니케이션의 변화 (이동통신 등장)

봉화 ⇨ 편지 ⇨ 전신 ⇨ 유선통신 ⇨ 무선통신

전화
발신신호 → 교환원 → 유선연결 → <u>음성신호</u>

음성 → 음성변환 → 전기신호 → 전송 → 음성변환 → 음성

- **SMS** : short message service
  (단문 메세지 서비스, 한글 70자 이내)
- **MMS** : multimedia messaging service
  (멀티미디어 정보송부)
- **SNS** : social networking service
  (사외관계망 서비스)

[출처] 10대에게 권하는 공학, 글담출판 한화택지음
[이미지 출처] https://blog.naver.com/s5we/150166657675

M6-2 통신기술 개요

▪ 이동통신 발전과정

M6-2 통신기술 개요

▪ 이동통신 발전과정

G : Generation(세대)

구분	1G	2G	3G	4G	5G
보급연도	1980 ~1990년	1990 ~2000년	2000 ~2010년	2010 ~2020년	2020년~
최고속도	14Kbps	144Kbps	14Mbps	100Mbps	20Gbps
주요 서비스	음성	음성 문자 저속 인터넷	고속 인터넷 영상통화 로밍 확대	고음질 통화 초고속 인터넷 데이터 고화질 동영상	홀로그램 IoT 입체영상
차별성	통신기기 휴대가능	이동통신 보편화	인터넷 접근성 개선	인터넷 고속화	연결성 초저지연성
영화1편 다운로드시간 (800MB 용량)	-	-	7분 24초	1분 25초	1초

* Bps(bit per second) : 1초 동안 전송할 수 있는 모든 비트(bit)의 수
보통 모뎀의 전송 속도의 단위로 사용. 1200bps, 2400bps, 33.6kbps, 56kbps 등

M6-3 컴퓨터와 통신기술 응용

▪ ERP : Enterprise resource planning
- 전사적 자원관리
- 경영정보시스템(MIS)의 한 종류
- 예산편성, 예측 등 재무분야 뿐만 아니라, 공급사슬관리, 고객의 주문정보까지 통합적으로 관리하는 시스템

M6-3 컴퓨터와 통신기술 응용

- CAD : computer-aided design
  - 컴퓨터 지원설계
  - 공학자, 건축가, 디자이너 등 설계 활동에서 전문적인 설계를 지원하는 컴퓨터 기반의 다양한 도구

AutoCAD

ZUKEN CADSTAR

NX

CATIA

M6-3 컴퓨터와 통신기술 응용

- IT(information technology) 용어

App (앱)

- 어플리케이션(application)을 줄여 앱이라고 부른다
- 스마트폰이나 스마트TV 같은 스마트 기기에서 구동하는 응용프로그램

[출처] 네이버 지식백과(지형 공간정보체계 용어사전)

M6-3 컴퓨터와 통신기술 응용

- Case study : 인터넷이 사회에 미치는 영향

긍정적인 영향
1. 자료조사
2.
3.
4.
5.
6.
7.
8.
9.
10.

부정적인 영향
1. 개인정보 유출
2.
3.
4.
5.
6.
7.
8.
9.
10.

M6-3 컴퓨터와 통신기술 응용

- 인터넷이 사회에 미치는 영향
  - SNS
    - 교호 네트워크 서비스(Social Network Service)
    - '관심이나 활동을 공유하는 사람들 사이의 교호적 관계망이나 교호적 관계를 구축해 주고 보여 주는 온라인 서비스 또는 플랫폼'으로 정의 (Wikipedia, 2012)
    - 특징
      ① 마케팅 도구 : 일반 기업, 미디어나 IT 기업
      ② 컴퓨터 매개 커뮤니케이션 : 면대면 커뮤니케이션과의 차별성과 유사성
      ③ 사회관계망 : 네트워크 구조 자체와 구조적 특징
      ④ 권력관계 또는 영향력 행사되는 장 : 파워 이용자의 속성과 특성
      ⑤ 컴퓨터 활용 연구 대상 : 대규모 데이터를 처리하여 어떤 규칙성 발견
    - 쟁점
      ① 프라이버시 보호 문제
      ② 사적 정보에 대한 잠재적 남용의 문제
      ③ 온라인상의 공격 행위 (사이버 불링_cyber-bullying)
      ④ 게시물의 지적 재산권, 개인에 대한 감시, 성희롱 등의 문제

[출처] 이재현(2012년) 트위터란 무엇인가?

M6-3 컴퓨터와 통신기술 응용

▪ Case study : 5G 기반 사회의 미래 모습

5G 기반사회의 미래 모습
1.
2.
3.
4.
5.
6.
7.
8.
9.
10.

Module 7 건축공학과 환경공학 이해

Contents

M7-1 건축공학 개요

- **건축공학(Civil Engineering)은**
  - **건축물의 설계, 건설, 유지 및 관리에 관한 학문으로, 구조물의 안전성과 기능성을 보장하는 기술과 원리 적용**
  - **건물, 교량, 도로, 터널, 댐 등 다양한 인프라의 설계와 시공**

① **구조공학(Structural Engineering)**
건축물의 구조를 설계하고 분석하여 안전하고 효율적인 구조 보장 (하중에 대한 저항성 고려)

② **건설관리(Construction Management)**
건설 프로젝트의 계획, 조정, 통제(예산 관리, 일정 관리, 품질 관리 및 안전 관리 포함)

③ **환경공학(Environmental Engineering)**
건설 프로젝트가 환경에 미치는 영향을 최소화하는 방법 연구 (에너지 효율성 고려)

④ **지반공학(Geotechnical Engineering)**
건축물의 기초가 되는 지반의 특성을 분석하고 설계 (토양과 암반의 물리적, 역학적 특성 평가)

⑤ **건축재료(Materials Engineering)**
건설에 사용되는 다양한 재료의 특성과 성능 연구 (콘크리트, 강철, 목재, 복합 재료 등)

[출처] OpenAI. (2024). ChatGPT. Retrieved from https://www.openai.com/chatgpt

M7-1 건축공학 개요

- **건축설계**

Site
외부환경기술
건물 미기후(microclimate)의 조절
열섬현상 저감으로 건물부하 저감

녹화 계획
물순환 시스템
단지 계획

Building
저에너지 건물기술
건축물 단열, 기밀설계 및 시공
자연형 냉난방 기법

평면 계획
외피시스템 계획
실내 마감재

System
고효율 설비기술
에너지 효율적인 설비시스템 구축
효율적인 조명제어 시스템 구축
신재생 에너지의 사용

냉난방 시스템
환기 시스템
신재생에너지 시스템
전기설비 시스템

[이미지 출처] Generated by OpenAI's DALL-E, 2024.8.6

M7-1 건축공학 개요

▪ 건축물

- 토지에 정착한 공작물로서 기둥과 벽과 지붕이 있고 거주, 생산, 저장, 작업, 이용 등의 용도에 사용되는 것으로 주택, 점포, 사무실, 공장, 창고, 수상 건물 등을 말한다. (기초, 기둥, 벽체, 바닥, 지붕, 천장, 계단, 수장, 창호, 마감 등)

▪ 건축 면적

- 바닥 면적 : 건축물의 각 층 수평 투영 면적
- 건축 면적 : 외벽에 둘러싸인 부분의 투영 면적
- 연 면적 : 건축물의 각층 바닥 면적의 합계 면적
- 전용 면적 : 사용자가 독립적으로 사용하는 면적
- 공용 면적 : 입주자나 구분 소유자가 공동으로 사용하는 면적

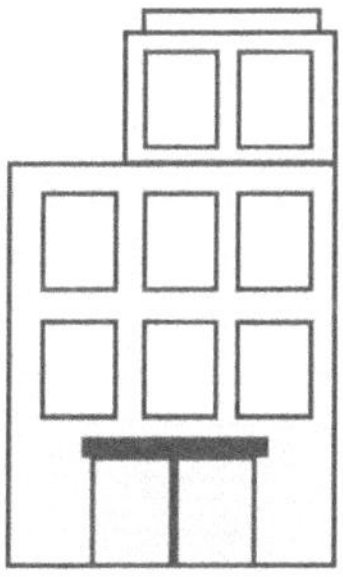

[출처] NCS 학습모듈 – 환경미화 01~08

M7-1 건축공학 개요

▪ 자연채광 적용

- 직사일사에 의한 냉방부하를 줄이고 확산된 채광 전달
- 지하주차장 등 자연광의 직접적인 유입이 어려운 공간은 광덕트, 반사거울 시스템 도입

[이미지 출처] Generated by OpenAI's DALL-E, 2024.8.6

M7-2 환경공학 개요

- **환경공학**(Environmental Engineering)**은**
자연 환경을 보호하고, 오염을 줄이며, 인간의 건강과 생태계의 지속 가능성을 보장하기 위해 과학적, 기술적 원리를 적용하는 공학 분야
이 분야는 대기, 수질, 폐기물 관리 등 다양한 환경 문제 연구

① **오염제어 및 관리**
- 대기, 수질, 토양 오염을 최소화하기 위한 기술과 방법 개발

② **폐기물 관리**
- 고체 및 액체 폐기물의 수집, 처리, 재활용 및 처분 방법을 설계하고 실행

③ **수질 관리**
- 깨끗한 물의 공급을 보장하고, 하수 및 폐수처리 시스템 설계

④ **대기오염 제어**
- 대기오염 물질의 배출을 줄이기 위한 기술과 정책 개발
- 공기질 모니터링 시스템을 구축하고, 대기 오염의 영향 평가

⑤ **환경영향 평가(**Environmental Impact Assessment, EIA**)**
- 개발 프로젝트나 산업 활동이 환경에 미치는 영향을 평가하고, 이를 최소화하기 위한 대책을 제안

[출처] OpenAI. (2024). Information on Environmental Engineering. In ChatGPT. Retrieved from https://www.openai.com/chatgp

M7-2 환경공학 개요

- **대기 오염정보**

미세먼지 초미세먼지 오존 자외선 황사

현재 내일 모레

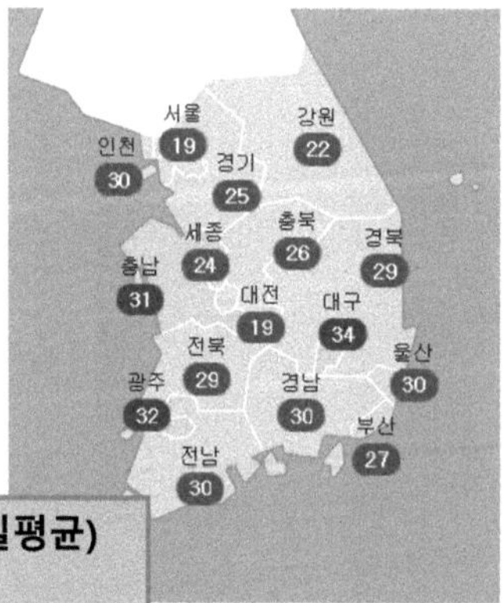

관측지점	현재	오전예보	오후예보
서울	19	좋음	보통
경기	25	좋음	보통
인천	30	좋음	보통
강원	22	좋음	보통
세종	24	보통	보통
충북	26	좋음	보통
충남	31	보통	보통
대전	19	보통	보통

좋음 0 ~30 보통 ~80 나쁨 ~150 매우나쁨 151~

주요 국가의 미세먼지 환경기준(일평균)
한국100㎍/m³ 일본100㎍/m³ WHO50㎍/m³ 미국150㎍/m³ EU50㎍/m³ 중국150㎍/m³

- **미세먼지 환경기준(일평균)**
  - **한국100*㎍/m³***

[출처] 네이버 대기환경 정보 Site

M7-2 환경공학 개요

- 미세먼지의 크기
  - PM (Particulate Matter_입자상 물질) 뒤에 숫자를 붙여 표현
    예) PM10 = 10㎛ 이하 미세먼지
    PM2.5 = 2.5㎛ 이하 초미세 먼지
  - 머리카락 굵기는 17㎛~180㎛까지 다양하며, 평균적으로 100㎛(=0.1mm)

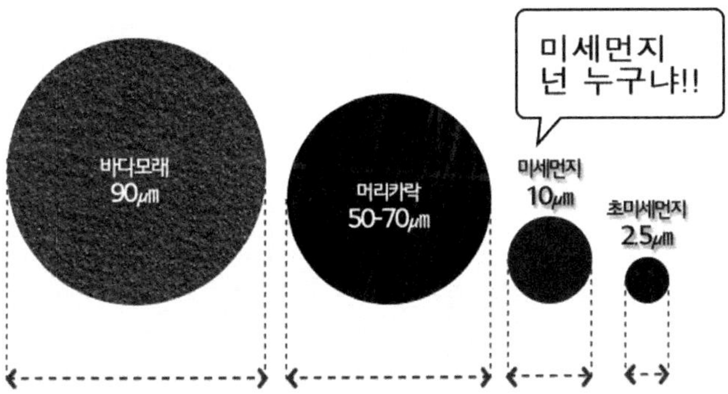

[출처] https://blog.naver.com/loftyland/221506247853

M7-2 환경공학 개요

- 미세먼지의 질량
  - ㎍ : 질량을 나타내는 단위 (1㎍ = 100만분의 1g)
  - 성인남성 1cm 머리카락 질량이 약 100㎍ 수준
  - 일반적으로는 ㎍/m³로 표기
    예) 100㎍/m³는 가로, 세로, 높이 1m인 사면체 공간에
    무게 100㎍만큼의 미세먼지가 있다는 뜻으로 숫자가 높을수록 농도가 짙다

▌미세먼지 PM_{10} 예보 등급

※ 예측농도(㎍/㎥ 일)

구간		좋음	보통	약간 나쁨	나쁨	매우 나쁨	
예측농도		0~30	31~80	81~120	121~200	201~300	301~
행동요령	노약자	-	-	장시간 실외활동 가급적 자제	무리한 실외활동 자제요청 (특히 호흡기, 심질환자, 노약자)	실외활동 제한	실내생활
	일반인	-	-	-	장시간 무리한 실외활동 자제	실외활동 자제	실외활동 자제

※ 미세먼지 PM_{10} 환경기준 : 24시간 100 ㎍/㎥, 연간 50 ㎍/㎥

[출처] https://blog.naver.com/jujuda7/221138053504

M7-2 환경공학 개요

- 주요국가 환경기준

WHO와 주요 국가들의 PM_{10} 일평균 기준

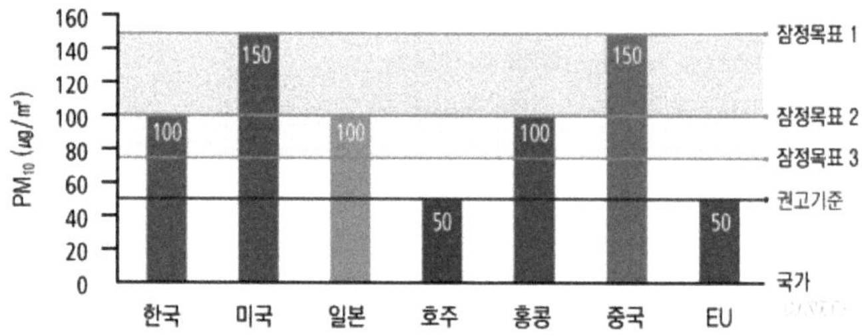

WHO와 주요 국가들의 $PM_{2.5}$ 일평균 기준

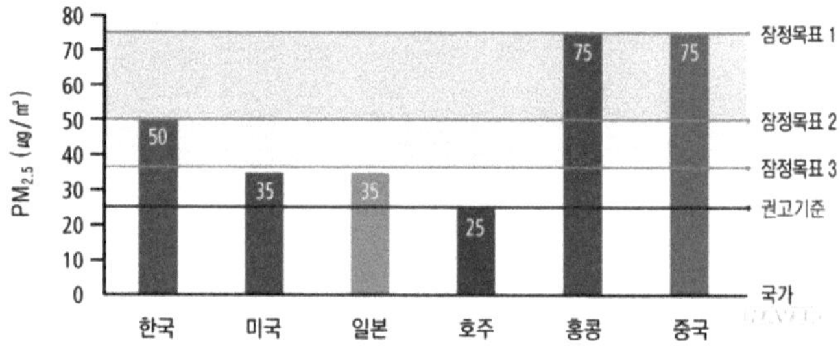

[출처] 네이버 지식백과, 국내 · 외 미세먼지 환경기준

M7-3 공기조화 개요

- 공기조화 (air-conditioning)
  - 거주자의 편안함을 개선하기 위해, 사용중인 공간의 온도와 습도, 기류 및 청정도를 사용 목적에 따라 가장 알맞는 상태로 조정하는 것

※ HVAC (Heating, Ventilation and Air Conditioning 약자)
난방 환기 냉방

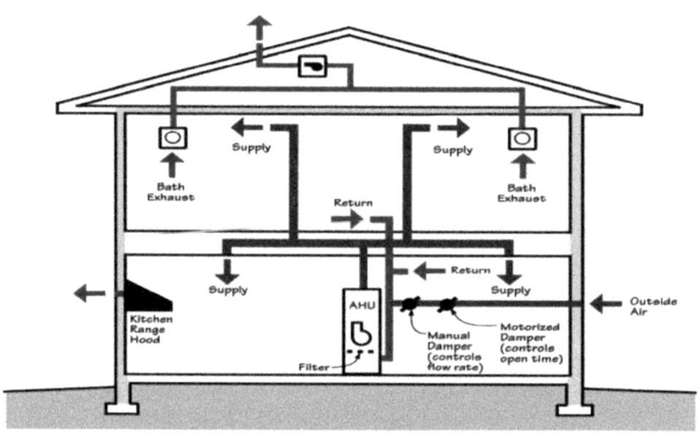

[출처] https://kr.pinterest.com/pin/364017582382836364/

M7-3 공기조화 개요

▪ 환기 방식의 종류

① 자연환기
- 창문 등의 개폐에 의해서 자연적으로 환기하는 것
  • 고단열, 고기밀 건축물은 자연환기 불리
  • 실내 · 외 온도차가 클수록 환기량 증가

② 기계환기

구 분	제1종 환기	제2종 환기	제3종 환기
급기 수단	기계장치	기계장치	자연급기
배기 수단	기계장치	자연배출	기계 장치
도식			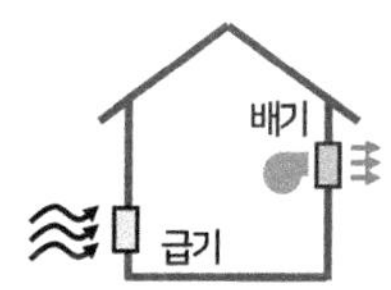

[출처] NCS 학습모듈 - 온열환경 관리/실내환기 관리/공기정화장치 관리/실내 공기질 정보관리

M7-3 공기조화 개요

▪ 대류, 전도, 복사

① 대류
액체 또는 기체가 열을 받으면 부피가 팽창하여
밀도가 작아지기 때문에
상대적으로 가벼워 지면서 위로 올라간다
위에 있던 유체는 상대적으로 밀도가 커져
내려오게 되는 현상

② 전도
물체가 접촉되어 있을때 물질이 직접 이동하지 않고
물체에서 이웃한 분자들의 연속적인
충돌에 의해 열이 전달되는 현상

③ 복사
열이 매질을 통하지 않고 고온의 물체에서
저온의 물체로 이동하는 것

M7-3 공기조화 개요

▪ 쾌적조건

항 목	실내환경 조건	여름	봄, 가을	겨울
온 도	17℃ ~ 28℃	24℃ ~ 27℃	-	18℃ ~ 21℃
습 도	40% ~ 70%	60%	50%	40%
기 류	0.5m/s↓	0.5m/s↓	0.5m/s↓	0.5m/s↓
부유 분진량	공기 0.15mg/1m^3↓	0.15mg↓	0.15mg↓	0.15mg↓
일산화탄소 함유량	0.001%(10ppm)↓	10ppm↓	10ppm↓	10ppm↓
탄산가스 함유량	0.1%(1,000ppm)↓	1,000ppm↓	1,000ppm↓	1,000ppm↓

M7-3 공기조화 개요

▪ 공기조화 주택설계

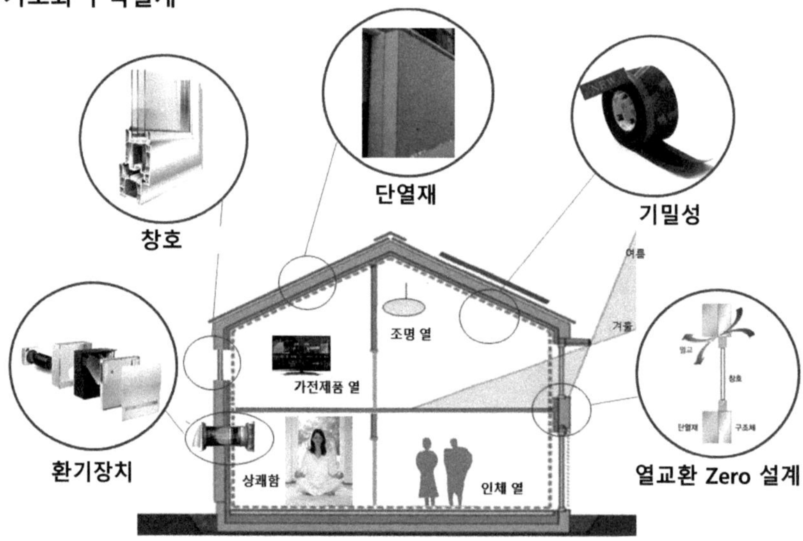

www.smartgtec.kr

M7-3 공기조화 개요

▪ 물질의 상태 (상변화)

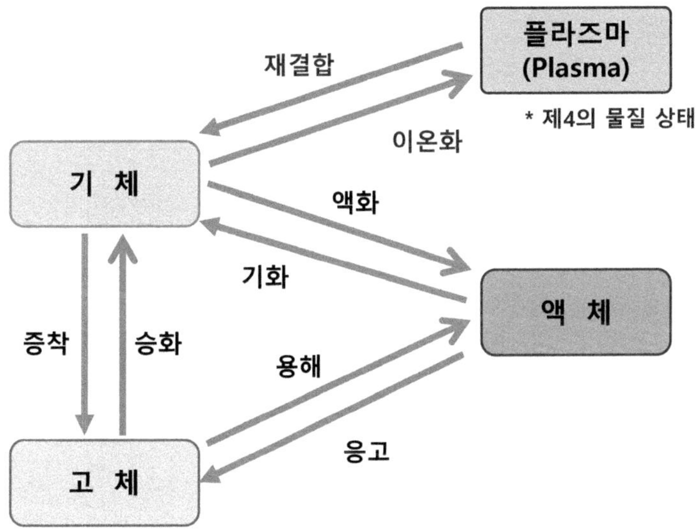

M7-3 공기조화 개요

▪ 바람 (기류)
  - 기압의 변화 또는 사람이나 기계에 의하여 일어나는 공기의 움직임
  - wind (미풍)
  - breeze (돌풍)

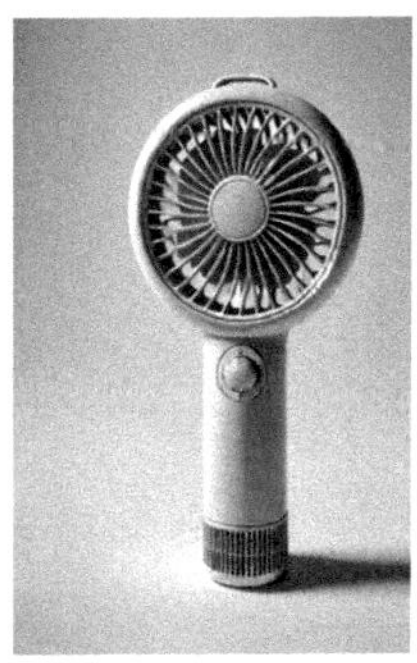

[이미지 출처] Generated by OpenAI's DALL-E, 2024.8.6

M7-3 공기조화 개요

▪ 보퍼트(Beaufort) 풍력계급표

계급	명칭	풍속(m/s)	파고(m)	육상 상태
0	고요	<0.3	0	연기가 수직으로 올라간다
1	실바람	0.3~1.5	0.1	풍향은 연기가 날아가는 것으로 알 수 있으나, 풍향계는 잘 움직이지 않는다
2	남실바람	1.5~3.3	0.2	바람이 피부에 느껴진다. 나뭇잎이 흔들리며, 풍향계가 움직이기 시작한다
3	산들바람	3.3~5.5	0.6	나뭇잎과 작은 가지가 끊임없이 흔들리고, 깃발이 가볍게 날린다
4	건들바람	5.5~8.0	1	먼지가 일고 종이조각이 날리며, 작은 가지가 흔들린다
5	흔들바람	8.0~10.8	2	잎이 무성한 작은 나무 전체가 흔들리고, 호수에 물결이 일어난다
6	된바람	10.8~13.9	3	큰 나뭇가지가 흔들리고, 전선이 울리며 우산을 사용하기 어렵다
7	센바람	13.9~17.2	4	나무 전체가 흔들리며, 바람을 안고서 걷기 곤란하다
8	큰바람	17.2~20.7	5.5	작은 나뭇가지가 꺾이며, 바람을 안고서 걸을 수 없다
9	큰센바람	20.7~24.5	7	큰 나뭇가지가 꺾이고, 가옥에 다소 피해가 생긴다
10	노대바람	24.5~28.4	9	나무가 뿌리째 뽑히고, 가옥에 큰 피해가 일어난다
11	왕바람	28.4~32.6	11.5	광범위한 피해가 생긴다
12	싹쓸바람	≥32.6	≥14	매우 광범위한 피해가 생긴다

매미	60m/s 이상
루사	56.7m/s
미탁	37m/s

[출처] https://cafe.naver.com/newteamblack/93110?

Module 8 품질관리

Contents

M8-1 품질 개요

- 품질정의
  - 고객의 기대에 부합하는 것 (meeting the customers expectations)
  - 처음부터 올바르게 업무를 수행하는 것 (DIRFT : Do It Right the First Time)

- 품질비용
  - 처음부터 올바르게 업무를 수행하지 못함에 의해 야기되는 비용
  - 고객(내부 or 외부) 의 요구를 충족시키지 못함에 의하여 발생되는 손실액
  - 기업이 품질을 확보하기 위해서 지불해야 하는 일체의 경비

  ※ 생산 부문에서만 발생되는 것이 아니고
  사무 간접부문을 포함한 기업의 전 부문에서 발생 된다

M8-1 품질 개요

- 품질의 종류

설계품질 (quality of design)	• 제품을 설계할 때 설정한 품질 • 소비자가 요구하는 품질과 제조원가가 경제적으로 균형을 이루는 품질규격을 설정하여 제조하는 제품의 품질
제조품질 (quality of manufacturing)	• 제품을 생산할 때, 원자재, 기계설비, 작업방법, 생산기술 등의 생산여건을 설계상의 목표수준에 맞추어 제조하고자 하는 품질 • 생산된 제품의 품질과 설계품질의 일치 정도 (적합품질 또는 제조품질)
시장품질 (quality of market)	• 소비자들의 사용목적에 따라 시장에서 요구하는 품질 • 소비자 만족도는 그 제품에 대한 최종적인 평가가 되므로 시장품질의 결정은 매우 중요하며 이를 사용품질이라고도 한다

M8-1 품질 개요

- **품질비용의 분류**
  - 일반적으로 품질과 관련되어 지출되는 비용을 품질원가 라고 한다

통제 원가
- 품질을 통제하기 위한 활동과 관련된 원가

예방 원가 : 불량품을 만들지 않기 위한 품질관리 활동이나 교육 및 혁신활동 등과 관련된 비용
- 기획, 품질 교육, 품질 보증(QA) 활동

평가 원가 : 제품의 품질을 정식적으로 평가함으로써, 품질 수준을 유지하기 위한 비용
- 수입 검사, 공정 검사, 출하 검사

실패 원가
- 실패를 교정하기 위한 활동과 관련된 원가

내부실패 원가 : 고객에게 인도되기 전에 발견된 공정 또는 제품의 결함과 관련된 손실 비용
- 공정 유실, 재 작업, 작업불량 자재폐기

외부실패 원가 : 고객에게 인도된 후에 발견된 품질불량, 품질결함 등과 관련한 손실비용
- 보증 수리, 교환 또는 환불, PL 소송

M8-1 품질 개요

- **보이지 않는 저품질 비용을 없애야 한다**
  - 왜 재고가 많아지나?
  - 적정재고 관리 방법은?

M8-1 품질 개요

- **제조물 책임법** (Product Liability law)
  제품의 결함이나 안전성 부족으로 사용자가 피해를 입었을 경우에 그 제품의 제조업자가 피해자에게 배상하게 하는 제도
  - **피해를 보상하는 1차적인 책임은 법률상 제품의 제조업자인 경영주이지만, 제품의 결함이나 안전성 부족에 대한 책임은 제품을 설계 및 제작한 엔지니어에 있다**

- **1852년 미국의 효과적인 규제국 설립**
- **1960년대 미국에서 현대적인 제조물 책임법 시행**
- **1990년대 제품의 설계, 제조, 판매 등과 관련하여 제조업자가 지켜야 할 법적 한계 명시**
- **2002.7월 우리나라의 제조물 책임법 시행**

제조물	다른 동산이나 부동산의 일부를 구성하는 경우를 포함한 제조 또는 가공된 동산
결 함	제조 가공상의 의무를 다하여도 안전하게 되지 못한 경우와 대체 설계를 채용하지 않아서 안전하지 못한 경우, 합리적인 설명/지시/경고 등의 표시를 하지 않아 피해가 발생한 경우
제조업자	제조물의 제조/가공 또는 수입한 자, 자신을 제조업자로 표시한 자 또는 제작업자로 오인시킬 수 있는 표시를 한 자로 손해 배상의 책임주체

M8-2 품질관리 개요

- **품질관리**(quality control)
  - **불량품 생산을 예방하기 위하여 원자재나 완제품에 대한 품질의 통제가 이루어지는 관리기능**

- **품질관리의 발전**
  - **파이겐바움**(Feigenbaum)**은 7단계로 설명**
    1) **작업자에 의한 품질관리**(operator quality control)
    2) **직장에 의한 품질관리**(foreman quality control)
    3) **검사원에 의한 품질관리**(inspection quality control)
    4) **통계적 품질관리**(statistical quality control)
    5) **전사적 품질관리**(company-wide quality control)
    6) **품질보증**(quality assurance)
    7) **전사적 품질경영**(company-wide total quality management)

M8-2 품질관리 개요

▪ **품질경영**(경영혁신 활동)**의 발전단계**

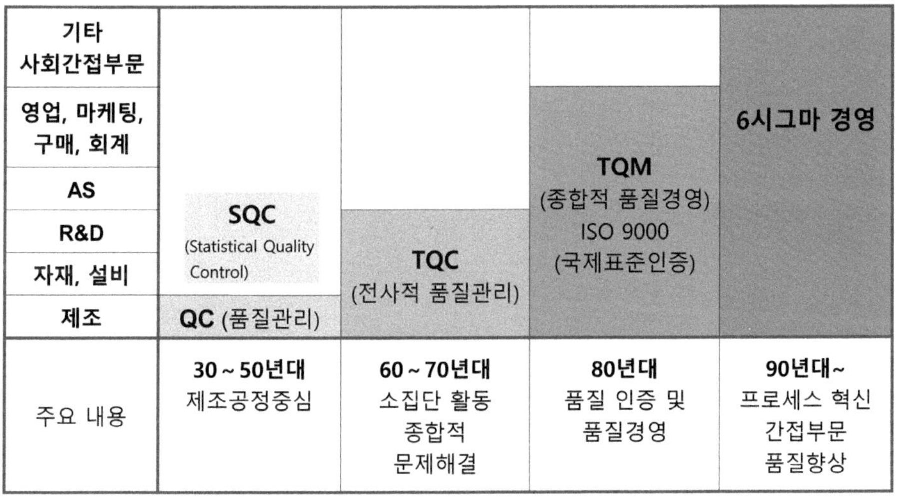

[출처] 고두균 외, 『6시그마경영』, 한국생산성본부

M8-2 품질관리 개요

▪ 품질관리의 필요성

- **품질관리는 조직의 제품이나 시비스가 고객의 요구와 기대를 충족시키고, 법적 요구사항을 준수하며, 지속 가능한 성장을 가능하게 한다**

① **고객 만족 증대** : 반복 구매와 충성도

② **비용 절감** : 품질문제 사전예방 및 불량품 감소로 재작업과 폐기 비용 절감

③ **법적 및 규제 준수** : 법적 요구사항 충족

④ **시장 경쟁력 강화** : 브랜드 이미지 향상 및 차별화된 가치 제공

⑤ **내부 운영 개선** : 프로세스 최적화, 직원 참여와 동기부여, 조직 문화 강화

⑥ **지속 가능한 성장** : 환경 보호, 사회적 책임, 장기적 성과

⑦ **리스크 관리** : 품질 문제 사전 예방, 위기 대응력 강화

[출처] OpenAI. (2024). Information on the reasons for quality management. In ChatGPT. Retrieved from https://www.openai.com/chatgp

M8-2 품질관리 개요

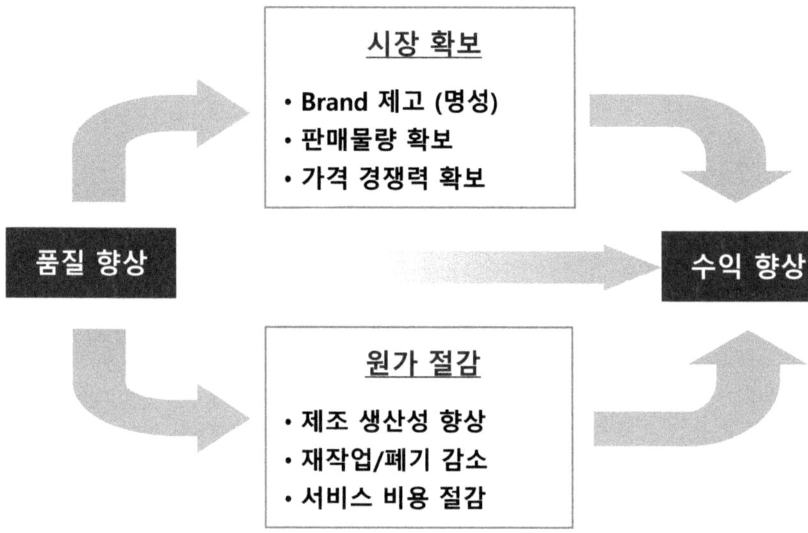

M8-3 다양한 단위 이해

사물과 상황을 정량적으로 표현하는 것이 익숙하지 못함

[이미지 출처] Generated by OpenAI's DALL-E, 2024.7.30

Reference

- 느낌이 아니라 데이터로 일하는 방법
  - 후카사와 신타로 저자(글), 김형순 번역
  - 타임북스
  - 2022년 05월 30일

M8-3 다양한 단위 이해

- 어떤 것을 구입해야 할까요?

1파운드(lb)
= 0.45kg = 450g

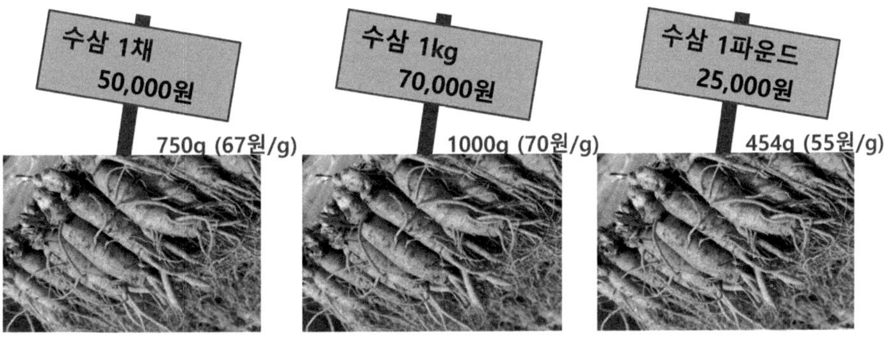

- 인삼의 거래단위 : 수삼 1채 : 750g (밭에서 캔 인삼)
  홍삼 1근 : 600g (수삼을 찐 인삼)
  건삼 1갑 : 300g (수삼을 말린 인삼)

M8-3 다양한 단위 이해

▪ 금의 단위

24K	순도 99.0%
1g	0.267돈
1.875g	반돈
2g	0.534돈
3.75g	한돈
7.5g	두돈

K _ Karat 금의 순도를 나타내는 단위
• 24K = 순도 99.9% • 18K = 순도 75% • 14K = 순도 약 58.5% • 10K = 순도 약 41.6%

금의 중량 단위
• 1냥 = 37.5g • 1돈 = 3.75g • 1푼 = 0.375g • 1리 = 0.035g
• 1g = 약 0.267돈

Q. 다이아몬드의 캐럿과 금의 캐럿은 같을까?

• 다이아몬드 캐럿(Carat)은 보석의 무게를 나타내는 단위
• 1 carat = 0.205g

M8-3 다양한 단위 이해

▪ 미국 경찰은
왜 천천히 달리는 것처럼 보일까?

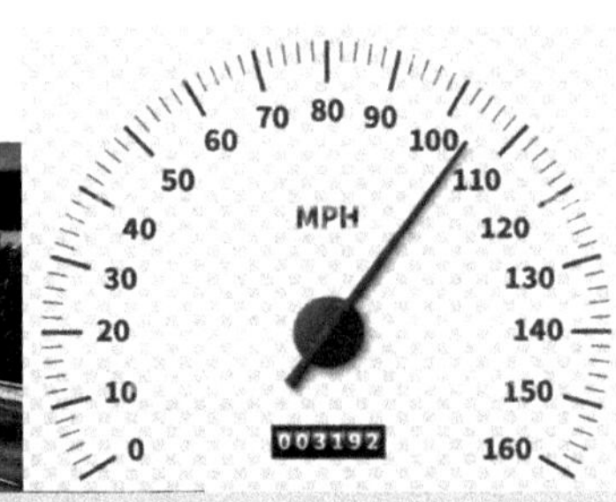

104M/h = 166.4km/h

1마일(Mile) = 1609.344m = 1.6km

[이미지 출처] Generated by OpenAI's DALL-E, 2024.7.30

M8-3 다양한 단위 이해

- 측정단위체계 정립의 필요성
  - 사회생활의 질서유지와 물물교환을 위하여, 양의 가치를 판단할 수 있는 절대적인 기준이 필요
  - 국가간 교역이 활발해져 국제적으로 통일된 측정단위 체계 필요
  - 과학 및 기술의 발달로 미세단위까지 측정 가능한 단위체계 확립 필요

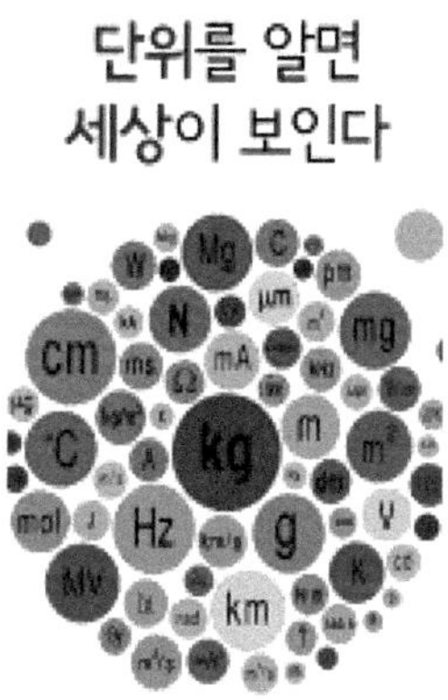

[이미지출처] https://www.scribd.com/doc/28902436/%EB%8B%A8%EC%9C%84%EB%A5%BC-%EC%95%8C%EB%A9%B4-%EC%84%B8%EC%83%81%EC%9D%B4-%EB%B3%B4%EC%9D%B8%EB%8B%A4-%EC%A0%9C2%EC%9E%A5

M8-3 다양한 단위 이해

- 국제 단위계(SI)는 7가지 기본 측정 단위를 정의

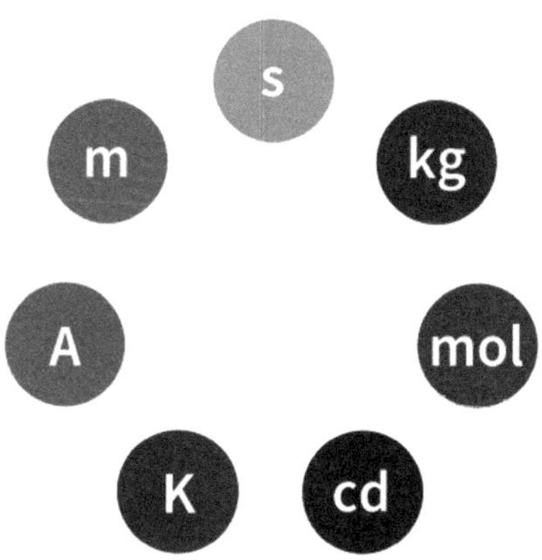

- 길이의 단위 미터(meter, m)
- 질량의 단위 킬로그램(kilogram, kg)
- 시간의 단위 초(second, s)
- 전류의 단위 암페어(ampere, A)
- 온도의 단위 켈빈(kelvin, K)
- 광도의 단위 칸델라(candela, cd)
- 몰 질량의 단위 몰(mole, mol)

[출처] https://ko.wikipedia.org/wiki/SI_%EA%B8%B0%EB%B3%B8_%EB%8B%A8%EC%9C%84, 위키백과

M8-3 다양한 단위 이해

▪ **단위의 종류**

① **영국계**(British unit system)

- 인치(in): 2.54cm, 피트(ft): 30.48cm, 야드(yd): 91.44cm, 마일(mile): 1609.344m
- 파운드(lb): 0.45kg
- 갤런(gal) : 3.78 ℓ (리터)

② **국제표준단위계**(International system of unit, **SI**)

- 미터법을 기준으로 세계적으로 널리 쓰이는 도량형 (1960년 10월 결정)
- 기본 단위 : 미터(m), 킬로그램(kg), 초(s), 암페어(A),
  켈빈(K), 몰(mol), 칸델라(cd)
- 보조 단위 : 라디안 (rad), 스테라디안(sr)

② **관용단위계**

- 질량(1근) : 소고기 600g, 딸기 400g, 채소 375g
- 부피(1되) : 옥수수 750g, 들깨 450g, 팥 800g
- 넓이(1평) : 토지 3.3m^2, 유리 0.09m^2
- 넓이(1마지기) : 경기 150평, 충청 200평, 강원 300평

M8-3 다양한 단위 이해

▪ **컴퓨터**

- **1 Byte(바이트) : 8개 혹은 9개의 bit를 묶어서 표현**
- **컴퓨터가 처리하는 정보의 기본단위로, 하나의 문자를 표현하는 단위**
- **영어권은 1개의 바이트로 하나의 문자 표현, 동양권 문자는 2개의 바이트로 표현**
- **1 kB = 1024 bit** **영어 : 1024자 사용 가능** **한글 : 512자 사용 가능**

1,024 Byte	≒	**1,000** Byte	**1 kB**
1,048,576 Byte	≒	**1,000,000** Byte	**1 MB**
1,073,700,000 Byte	≒	**1,000,000,000** Byte	**1 GB**
1,099,500,000,000 Byte	≒	**1,000,000,000,000** Byte	**1 TB**

접두어

M8-3 다양한 단위 이해

- **SI 단위 앞에 붙이는 접두어 : 10의 배수를 생략하기 위해 사용**

10^n	접두어	기호	배수	십진수
10^{24}	요타 (yotta)	Y	자	1 000 000 000 000 000 000 000 000
10^{21}	제타 (zetta)	Z	십해	1 000 000 000 000 000 000 000
10^{18}	엑사 (exa)	E	백경	1 000 000 000 000 000 000
10^{15}	페타 (peta)	P	천조	1 000 000 000 000 000
10^{12}	테라 (tera)	T	조	1 000 000 000 000
10^{9}	기가 (giga)	G	십억	1 000 000 000
10^{6}	메가 (mega)	M	백만	1 000 000
10^{3}	킬로 (kilo)	k	천	1 000
10^{2}	헥토 (hecto)	h	백	100
10^{1}	데카 (deca)	da	십	10
10^{0}			일	1
10^{-1}	데시 (deci)	d	십분의 일	0.1
10^{-2}	센티 (centi)	c	백분의 일	0.01
10^{-3}	밀리 (milli)	m	천분의 일	0.001
10^{-6}	마이크로 (micro)	μ	백만분의 일	0.000 001
10^{-9}	나노 (nano)	n	십억분의 일	0.000 000 001
10^{-12}	피코 (pico)	p	일조분의 일	0.000 000 000 001
10^{-15}	펨토 (femto)	f	천조분의 일	0.000 000 000 000 001
10^{-18}	아토 (atto)	a	백경분의 일	0.000 000 000 000 000 001
10^{-21}	젭토 (zepto)	z	십해분의 일	0.000 000 000 000 000 000 001
10^{-24}	욕토 (yocto)	y	일자분의 일	0.000 000 000 000 000 000 000 001

tera	1 Tm	10^{12} m
giga	1 Gm	10^{9} m
mega	1 Mm	10^{6} m
kilo	1 km	10^{3} m
	1 m	1 m
milli	1 mm	10^{-3} m
micro	1 μm	10^{-6} m
nano	1 nm	10^{-9} m
pico	1 pm	10^{-12} m

[출처] https://blog.naver.com/ireatest/222957325526

M8-3 다양한 단위 이해

- **화폐단위**

'Uber Raises $3.5 Billion From Saudi Arabia'

- CNN을 보다가 위와 같은 뉴스가 나왔다. 3.5 빌리언(billion) 달러는 얼마인가?
  빌리언이 10억이니까 3.5 x 10억 = 35억$이고
  환율이 1,300원 이라면
  35억$ x 1,300원 = 대략 4조6천억원

→ 영미권에선 밀리언(million, 100만)과 빌리언(billion, 10억) 사용

※ 영미권 숫자 읽기

- 읽는 방법이 어려운 이유는 우리나라와 끊어 읽는 단위가 다르기 때문

구 분	표 기	읽는 법	끊어 읽는 단위
영미권	123,456,789	123million 456thousand 789	천 단위, 0을 세 개씩 끊는다
대한민국	123,456,789	1억 2345만 6789 (1,2345,6789)	만 단위, 0을 네 개씩 끊는다

M8-3 다양한 단위 이해

- 화폐단위
  - 밀리언(million) : 100만을 뜻하는 영어 낱말
  - 빌리언(billion) : 10억을 뜻하는 영어 낱말

※ 원/달러 환율(₩/US$)=1,000원인 경우

$			원	
1		일불	1,000	천원
10		십불	10,000	만원
100		백불	100,000	십만원
1,000		천불	1,000,000	백만원
10,000		1만불	10,000,000	천만원
100,000		십만불	100,000,000	1억원
1,000,000	1M$	백만불	1,000,000,000	10억원
10,000,000	10M$	천만불	10,000,000,000	100억원
100,000,000	100M$	1억불	100,000,000,000	천억원
1,000,000,000	1B$	십억불	1,000,000,000,000	1조원
10,000,000,000	10B$	백억불	10,000,000,000,000	10조원

M8-3 다양한 단위 이해

- Paper 단위

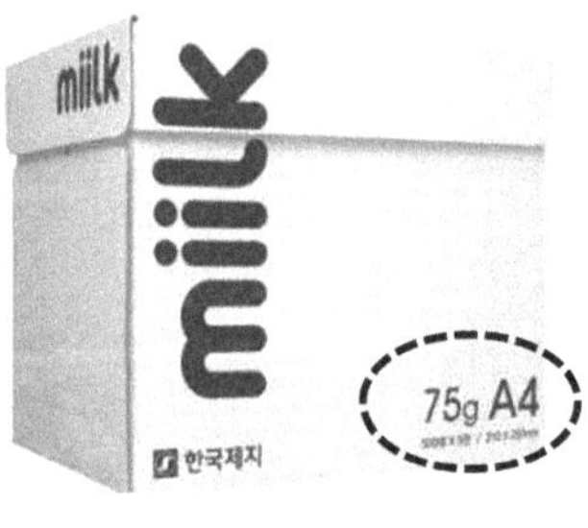

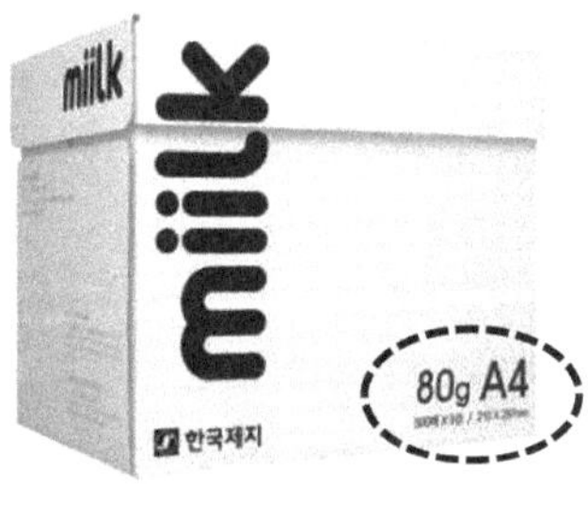

B4 미색 2500매

밀크 A3 75g

M8-3 다양한 단위 이해

- 종이의 기본

  - 종이 이름 : 제지회사가 지은 이름
    (아트지, 스노우지, 모조지, CCP지)

  - 종이 평량 : 종이 1m² 당 무게를 말하며 단위는 g/m²
    (평량과 종이 두께는 다르다)

  - 종이 두께 : ㎛(1/1000mm), 두께 90㎛ = 0.09mm

  - 종이 광택 : 종이를 생산할 때 표면에 종이 이외의
    도료나 합성 수지로 코팅하여
    인쇄성을 높이거나 광택이 나게 하는 과정

  - 종이 사이즈 : A계열. B계열, C계열, 국전지, 4x6전지

M8-3 다양한 단위 이해

- 다양한 종이 사이즈

A계열	B계열	C계열	5 X 7 전지(국전지)	4 X 6 전지
A0: 1,189 X 841mm	B0: 1,456 X 1,030mm	C0: 917 × 1,298		
A1: 840 X 594mm	B1: 1,030 X 728mm	C1: 648 × 917	전 지: 939 × 636	전 지: 1,090 × 788
A2: 594 X 420mm	B2: 728 X 515mm	C2: 458 × 648	2절지: 636 × 469	2절지: 788 × 545
A3: 420 X 297mm	B3: 515 X 364mm	C3: 324 × 458	4절지: 469 × 318	4절지: 545 × 394
A4: 297 X 210mm	B4: 363 X 257mm	C4: 229 × 324	8절지: 318 × 234	8절지: 394 × 272
A5: 210 X 148mm	B5: 257 X 182mm	C5: 162 × 229	16절지: 234 × 159	16절지: 272 × 197
A6: 148 X 105mm	B6: 182 X 128mm	C6: 114 × 162	32절지: 159 × 117	32절지: 197 × 136
A7: 105 × 74	B7: 91 × 127	C7: 81 × 114	64절지: 117 × 79.5	64절지: 136 × 98.5
A8: 74 × 52	B8: 91 × 64			
A9: 52 × 37	B9: 64 × 45			
A10: 37 × 26	B10: 45 × 32			
A11: 26 × 18	B11: 32 × 23			
A12: 18 × 13	B12: 23 × 16			

책의 규격

책의 규격
국배판 A4 210x297
46배판 B5 188x257
크라운판 172x245
신국판 152x225
A5 148x210
B6 128x188
128x210
125x205

M8-3 다양한 단위 이해

- A계열 / B계열

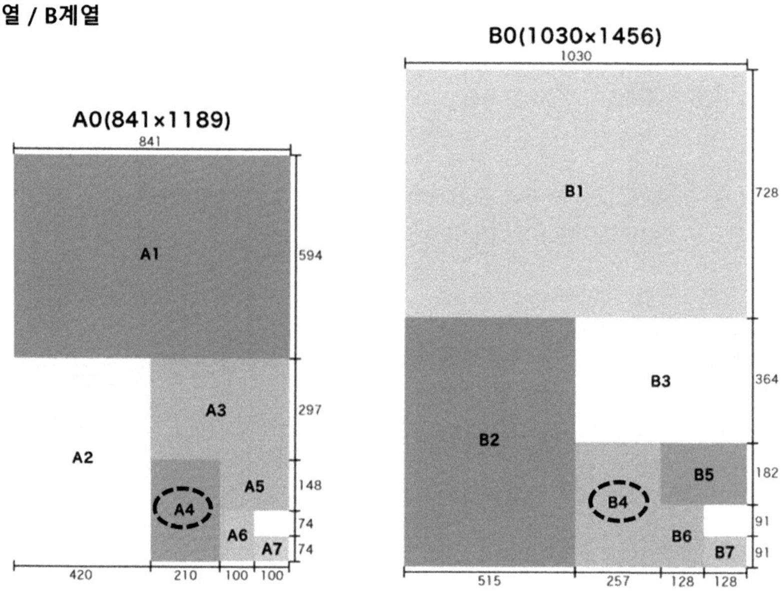

Module 9 지식재산권 이해

Contents

M9-1 지식재산권 개요

▪ **지식재산권의 종류**

1992

특허권

디자인권

상표권

저작권

[이미지 출처] Generated by OpenAI's DALL-E, 2024.7.31

M9-1 지식재산권 개요

▪ **이상민 카피 논란 부른 '천러라면' 대체 무엇?**

'미우새' 이상민이 한 아이돌그룹 멤버가 만든 라면 레시피를 카피했다는 논란에 휩싸이면서
'천러라면'이 16일 주요포털 실검 키워드로 올라 이목을 끌고 있다
전날 방송된 SBS '미운우리새끼'에서는 이상민이 김종국의 집을 방문해 라면을 먹지 않는
그의 식성을 감안해 토마토, 라오간마 소스 등을 활용한 매운 라면 요리를 선보였다
해당 방송 이후 시청자들은 그가 만든 라면이 그룹 NCT 천러가 만든
일명 '천러라면'과 레시피가 똑같다는 지적이 쏟아졌다
실제로 해당 레시피는 지난 6월 27일 유튜브 채널을 통해
방송된 천지의 이것저것 13번째 에피소드로 등록돼 있다
방송을 접한 누리꾼들은 "천러라면으로
이미 알려진 걸 두고 마라라면이라고 하다니",
"이름만 바꾸면 장땡?", "재해석? 표절 아닌가",
"천러라면인데 뭔 재해석 ㅋㅋ" 등의 반응

[출처] 2019-09-16, 헤럴드경제

8

M9-1 지식재산권 개요

'특허 괴물' 타깃된 삼성전자, 전세계서 매주 1건 소송戰

삼성전자가 유독 많은 특허 분쟁에 얽히게 된 것은
그만큼 다양한 사업 영역에서 높은 시장 점유율을 보이고 있기 때문으로 풀이된다.
삼성은 현재 메모리 반도체·스마트폰·TV 등 주요 IT 제조 분야에서 세계 1위를 달리고 있다.
또 5G(5세대 이동통신), 스마트홈, 인공지능(AI) 등의 분야에서도 글로벌 기업과
치열한 기술 경쟁을 벌이고 있다.
삼성전자 반기 보고서에 따르면
삼성은 올 상반기 기준 보유 특허가 지난해보다 8000건 이상
늘면서 처음으로 20만건을 넘어섰다.
삼성전자 관계자는 "(특허 소송이 가장 많은) 미국에서
분쟁에 효과적으로 대응하기 위해 올 상반기
미국에서만 4300건의 특허를 새로 등록했다"고 했다.
삼성전자는 또 무리하게 법정 다툼을 이어가는 대신
소송 상대 기업과 특허를 공동 사용하는 '크로스 라이선스'
계약도 늘리고 있다.

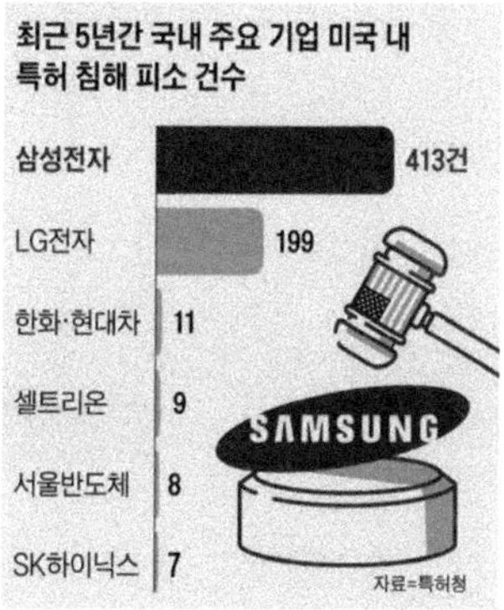

[출처] 2021-10-26, 조선일보

M9-1 지식재산권 개요

- 지식재산권의 종류

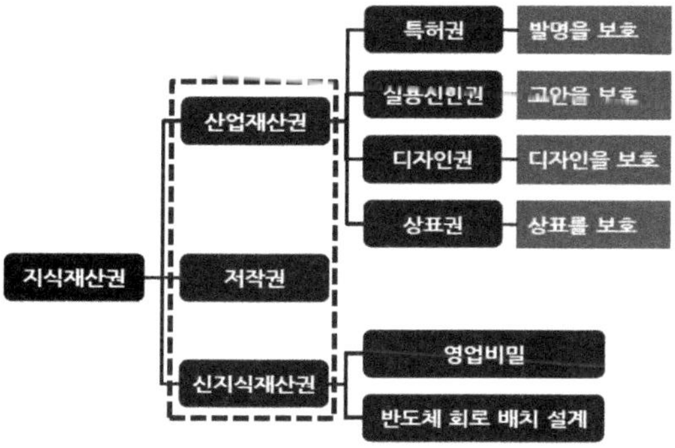

- 산업재산권 : 특허, 실용신안, 디자인, 상표
- 저작권 : 저작자의 권리보호와 공정한 이용을 도모함으로서
  문화 및 관련 산업의 발전에 이바지함을 목적으로 하며,
  음악, 연극, 미술, 건축, 사진, 영상, 도형 등의 저작물
- 신지식재산권 : 전통적인 지식재산권 범주로 보호하기 어려운 컴퓨터 프로그램,
  인터넷, 캐릭터 산업 등과 관련된 지식재산권으로
  정보기술이 빠르게 발전하면서 등장한 지식재산권

[출처] 특허청, https://www.kipo.go.kr/

M9-1 지식재산권 개요

- 특허/실용신안 : 새롭고 가치있는 기술적인(technical) 아이디어,
  즉 발명(invention)에 주어지는 것 (존속기간: 특허 20년/실용신안 10년)
  ※ 출원 : 특허를 받고자 하는 자는 특허출원서를 특허청장에게 제출 한다
- 디자인권(의장) : 새롭고 창작성이 있지만 비기능적이며, 시각적인(visual) 스타일링 표현을
  일상용품에 적용시킨 경우에 주어지는 것 (존속기간: 15년)
- 상표권 : 등록상표를 지정상품에 독점적으로 사용할 수 있는 권리 (존속기간: 10년/갱신가능)

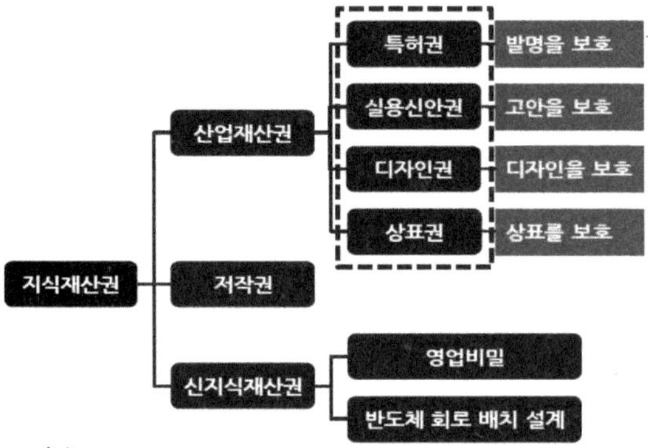

[출처] 특허청, https://www.kipo.go.kr/

M9-1 지식재산권 개요

- 특허제도의 목적
  - 발명을 보호・장려함으로써 국가산업의 발전을 도모하기 위한 제도이며,
    이를 달성하기 위하여「기술공개의 대가로 특허권을 부여」하는 것을
    구체적인 수단으로 사용
    - 기술공개 → 기술축적, 공개기술 활용 → 산업발전
    - 독점권부여 → 사업화촉진, 발명의욕 고취 → 산업발전
- 특허요건
  ① 출원발명은 산업에 이용할 수 있어야 하며(산업상 이용가능성)
  ② 출원하기 전에 이미 알려진 기술(선행기술)이 아니어야 하고(신규성)
  ③ 선행기술과 다른 것이라 하더라도 그 선행기술로부터
  쉽게 생각해 낼 수 없는 것이어야 함(진보성)
- 특허권의 효력
  - 설정등록을 통해 효력이 발생하며 존속기간은 출원일로부터 20년(실용신안권 10년)
    권리를 획득한 국가 내에만 효력발생 (속지주의)

[출처] 특허청, https://www.kipo.go.kr/

M9-1 지식재산권 개요

- 직무발명
  - 종업원 또는 공무원이 그 직무에 관하여 발명한 것이 성질상 사용자·법인 또는 국가나 지방자치단체의 업무 범위에 속하고, 그 발명을 하게 된 행위가 종업원 등의 현재 또는 과거의 직무에 속하는 발명
  - 사용자와 종업원의 이익관계에 형평을 기함으로써 직무발명을 장려하기 위한 것

- 직무발명보상제도
  - 종업원의 직무발명에 대한 권리를 기업이 승계하고, 발명자에게 정당한 보상을 하는 제도
  - 보상액은 사용자 등이 얻을 이익과 사용자 및 종업원 등이 발명에 공헌한 정도를 고려하여 결정

- 직무발명 보상제도 도입의 중요성
  - 기업 내 종업원들의 직무발명은 우수한 특허기술의 확보를 위한 주된 원천으로서, 직무발명보상제도는 핵심적인 혁신 인센티브 (국내 출원 중 기업 출원이 약 80% 차지)
  - 보상제도의 도입으로 기업은 발명의 질 향상 및 기술유출 방지에 기여하며, R&D 수주, 각종 인증획득 등에 있어서 차별화된 성과 창출

[출처] 특허청, https://www.kipo.go.kr/

M9-1 지식재산권 개요

기 술 = 특 허 = 돈

기 술 ≠ 특 허 ≠ 돈

Reference

▪ 유니콘(unicorn) 기업

- 기업 가치가 10억 달러(약 1조천억원)를 넘는 비상장 벤처기업
- 2014년에 미국의 벤처 캐피털리스트인 에일린 리(Aileen Lee)가 부르기 시작

[이미지 출처] Generated by OpenAI's DALL-E, 2024.7.31

M9-1 지식재산권 개요

▪ 산업재산권(특허권) 심사절차

방식 심사	• 특허 출원 후 출원인 또는 대리인의 절차능력, 제출된 서류의 기재방식 및 첨부 서류, 수수료 납부 사항 등 절차 심사
↓	
출원 공개	• 출원일로부터 1년 6개월이 지난 후 또는 1년 6개월이 지나기 전이라도 출원인의 신청이 있으면, 그 특허출원에 관하여 특허공보에 게재하여 사회 일반에 공표하는 제도 (공개특허공보)
↓	
심사 청구	• 출원인이 심사를 청구한 출원에 대해서만 심사하는 제도 특허출원에 대하여 출원 후 5년간(실용 3년) 심사청구를 하지 않으면 출원 무효 ※ 권리 획득(등록)을 위해서는 심사를 진행 해야함
↓	
실체 심사	• 특허요건, 즉 산업상 이용가능성, 신규성 및 진보성을 판단 하는 심사 공개의 대가로 특허를 부여하게 되므로 일반인이 쉽게 실시할 수 있도록 기재하고 있는가를 동시에 심사
↓	
거절 이유	• 심사관이 심사한 결과 특허출원을 거절할 이유가 있다고 인정할 때에는 기간을 지정하여 의견제출의 기회를 줌

* 우선심사제도
특허출원은 심사청구 순서에 따라 심사하는 것이 원칙이나, 공익이나 일정한 요건을 만족하는 출원에 대해서는 심사청구 순위에 관계없이 다른 출원보다 먼저 심사하는 제도

[출처] 특허청, https://www.kipo.go.kr/

M9-1 지식재산권 개요

- 선출원주의/선발명주의
  - 동일한 발명이 2 이상 출원되었을 때
    어느 출원인에게 권리를 부여할 것인가를 결정하는 기준으로서
    선출원주의와 선발명주의가 있으며, 우리나라는 선출원주의 채택

① 선출원주의
- 발명이 이루어진 시기에 관계없이 특허청에 먼저 출원한 발명에 권리 부여
- 기술 공개에 대한 대가로 권리를 부여한다는 의미에서 합리적이며
  신속한 발명의 공개를 유도할 수 있음
  발명의 조속한 공개로 산업발전을 도모하려는 특허제도의 취지에 부합

② 선발명주의
- 출원의 순서와 관계없이 먼저 발명한 출원인에게 권리 부여
- 발명가 보호에 장점이 있음. 특히 사업체가 없는 개인발명가들이 선호하는 제도
  발명가는 발명에 관련된 일지를 작성하고 증인을 확보해야 하며,
  특허청으로서는 발명의 시기를 확인하여야 하는 불편이 있음

[출처] 특허청, https://www.kipo.go.kr/

M9-1 지식재산권 개요

- 출원 표준일정

주체	내용	표준일정	비고
발명자	직무발명 접수		발명신고서
선행조사업체	선행기술조사	10일	자체조사가능
특허담당자	출원여부 1차 결정	5일	발명자/담당자
특허담당자&출원인	출원기술 평가 출원여부 2차 결정	10일	담당자/출원인
특허담당자	출원위임		직무발명접수
국내 대리인	출원초안작성	40일	
발명자&특허담당자	발명자(특허담당자) 초안검토	10일	
국내 대리인	출원	5일	출원
출원기한	직무발명접수 → 출원	80일	

[출처] 특허청, https://www.kipo.go.kr/

M9-2 아이디어 만들기

아이디어란 전혀 새로운 그 무엇을 만들어내는 것이 아니라 **이미 존재하는 낡은 요소들의 새로운 결합**에 지나지 않는다

아이디어 발상은 새로운 음식을 만들어 내기 위해 식재료를 조합하고 양념을 개발하는 일과 같다.

(김병희, 광고카피창작론-기본원리편, 나남출판, 2007)

'좋은 아이디어를 얻는 최선의 방법은 많이 생각하는 것이다'

- 아이디어를 많이 생각해내고 나쁜 것을 버리면 된다 –

Linus Carl Pauling(라이너스 칼 폴링)

※ 1901. 2 ~ 1994. 8
노벨 화학상과 노벨 평화상을 수상한 미국의 화학자

[이미지 출처] Generated by OpenAI's DALL-E, 2024.8.5

M9-2 아이디어 만들기

- **호기심과 사고력을 키워나가는 것이 중요하다**

호기심

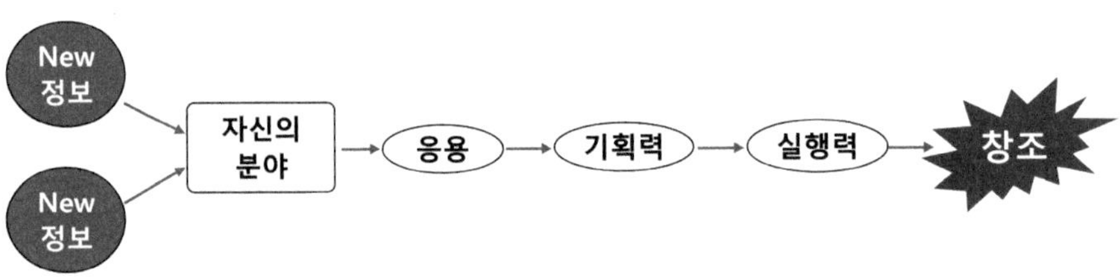

- **브레인스토밍, 관찰 等 정신적 훈련**
- **고객, 브로커, 교수 等 개인적 접촉**
- **전시회, 도서관, 공장, 연구소 等의 방문**
- **독서 및 추세분석 等**

M9-2 아이디어 만들기

▪ 발굴한 아이디어는 Feasibility 실행

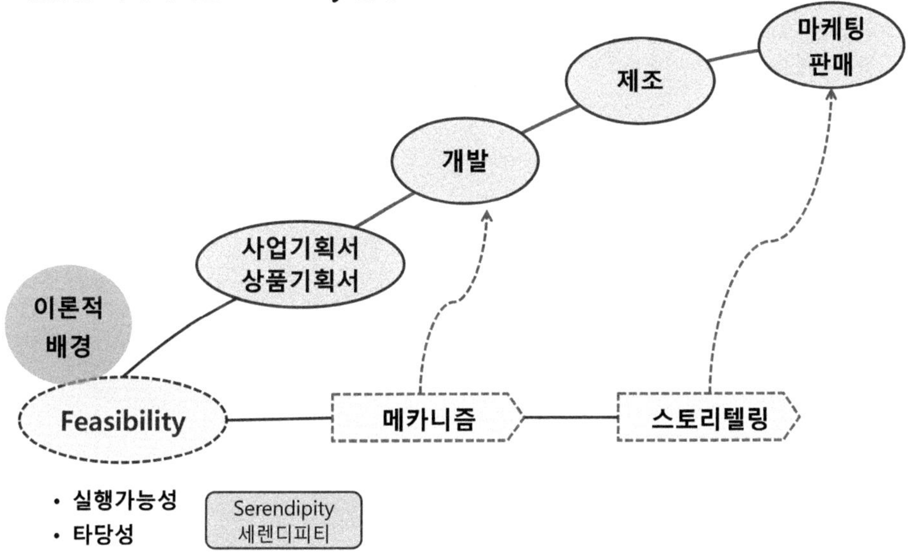

M9-2 아이디어 만들기

- 창의적인 아이디어를 만들기 위해서는 근무환경도 중요하다

[이미지 출처] Generated by OpenAI's DALL-E, 2024.7.31

M9-2 아이디어 만들기

- 민감한 장비를 흔들리는 바다 위에서 보호하기 위한 장비 개발중에 이것이 떨어졌는데 마치 걸어가는 모습처럼 움직이는 것을 보고 장난감으로 개발

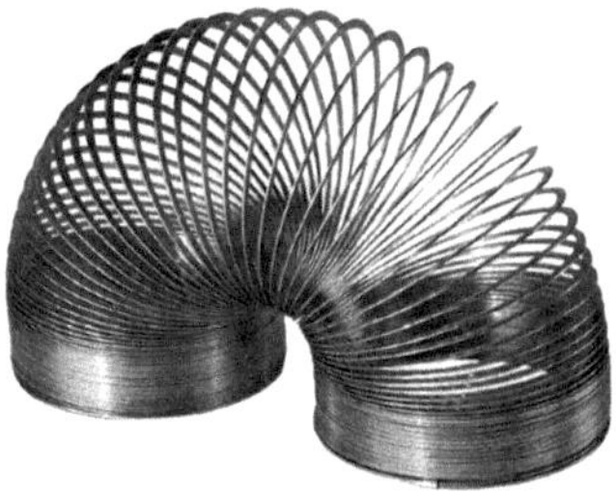

※ 슬링키_Slinky : (움직임 · 소리가) 나긋나긋한

[이미지 출처] https://smartstore.naver.com/b-jikgu/products/10433658574?&frm=NVSCIMG

M9-2 아이디어 만들기

마그네트론 전자레인지 20만원

스팀오븐레인지 200만원

우리의 전통 조리법 : 찜

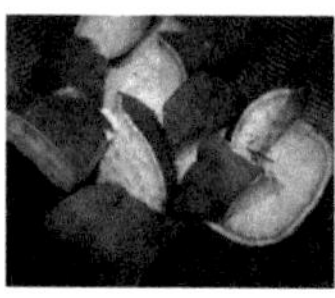

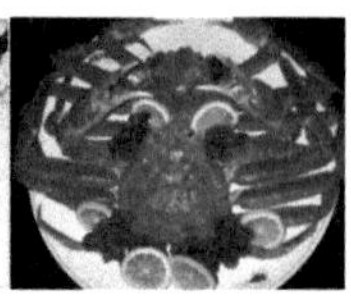

M9-2 아이디어 만들기

- **TRIZ : 창의적 문제해결이론**
  - Teoriya Resheniya Izobretatelskikh Zadach 이라는 러시아 말의 앞글자
  - 문제가 발생된 근본 모순을 찾아내 이를 해결할 수 있는 방안을 찾는 체계적인 방법론
  - 1940년대 구 소련의 과학자 겐리히 알츠슐러 박사가 20여 만 건에 이르는 전 세계의 창의적인 특허를 뽑아 분석한 결과로 얻은 40가지 원리 응용

[40가지 발명원리]

1. 분할	15. 역동성	29. 공기식/수압식 구조물
2. 추출	16. 과부족 조치	30. 유연한 막 또는 얇은 필름
3. 국소적 성질	17. 차원 바꾸기	31. 다공 질 재료
4. 비대칭	18. 기계적 진동	32. 색깔 변경
5. 통합	19. 주기적 작동	33. 동질성
6. 범용성	20. 유익한 작용의 지속	34. 폐기 및 재생
7. 포개기	21. 고속처리	35. 속성 변환
8. 평형추	22. 전화위복/해로움을 이로음으로	36. 상전이
9. 선행반대 조치	23. 피드백	37. 열 팽창
10. 선행 조치	24. 매개체	38. 산화 가속
11. 사전 예방	25. 셀프 서비스	39. 비활성 환경
12. 높이 맞추기	26. 복제	40. 복합 재료
13. 반대로 하기	27. 일회용품	
14. 구형화	28. 기계적 시스템의 대체	

9

M9-2 아이디어 만들기

도란도란 수원 e야기

▶ 문화행사소식

수원 공공기관 14개소, 스마트교통정보 시스템 완비!

수원시청
2013. 3. 28. 14:10

요즘, 각 버스 정류장마다 "~~분 후 버스도착"이라는 사전 버스 정보 알림 시스템이 부착되어 있어 내가 얼
율적인 시간쓰기도 없는 것 같아요.

IoT (Internet of Things)
- **사물인터넷**
- **사물과 사물의 커뮤니케이션**

공공기관을 통해 확인할 수 있는 이런 스마트교통정보시스템으로 대중교통이 지금보다 더 활성화 되는
유용한 서비스가 될 것 같네요.

이번 스마트교통정보시스템이 더 확산되어 시민들에게 상용화가 된다면, 수원시가 첨단 교통시스템을 갖

※ 문의 수원시 U-City종합센터 ☎ 228-3346

M9-3 지식재산권 사례

▪ 직무관련 특허

(19) 대한민국특허청(KR)
(12) 공개특허공보(A)

(11) 공개번호 10-2011-0022222
(43) 공개일자 2011년03월07일

(51) Int. Cl.
F24F 6/16 (2006.01) **F24F 6/06** (2006.01)
(21) 출원번호 **10-2009-0079708**
(22) 출원일자 **2009년08월27일**
심사청구일자 **없음**

(71) 출원인
삼성전자주식회사
경기도 수원시 영통구 매탄동 416
(72) 발명자
김중호
경기 수원시
206호
(74) 대리인
서원호

전체 청구항 수 : 총 10 항

(54) 가습장치 및 가습장치용 디스크 어셈블리

(57) 요 약

분해 조립이 용이한 디스크 어셈블리를 포함하는 가습장치를 개시한다. 이는 디스크 어셈블리의 구조를 개선함으로써 가능해진다. 디스크 어셈블리는 적층되어 조립되는 적어도 하나의 디스크부재와, 디스크부재의 일측에 배치되는 제1클램프와, 디스크부재의 타측에 배치되며 제1클램프와 결합되는 제2클램프를 포함하며, 디스크부재들 각각은 제1클램프에 결합되도록 외측 원주 상에 함몰되어 형성되는 적어도 하나의 홈부를 포함하고, 제1클램프는 홈부에 끼워져 디스크부재의 유동이 방지되도록 하는 홈결합부를 포함한다.

대 표 도 - 도4

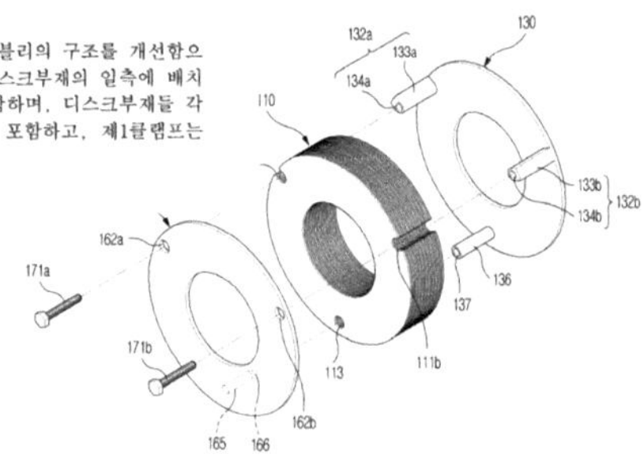

M9-3 지식재산권 사례

▪ 일상생활 속에서 아이디어 발굴

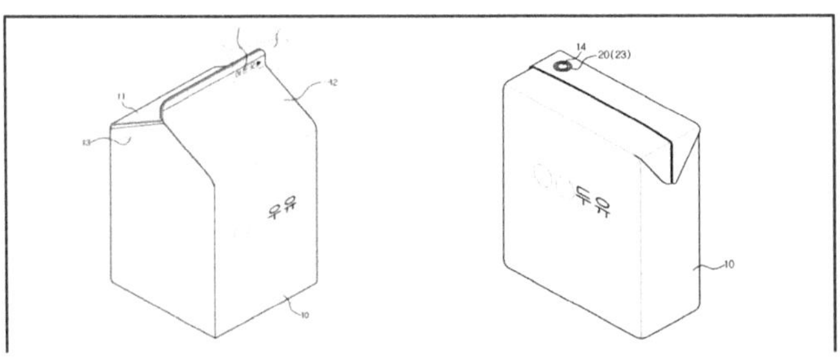

(19) 대한민국특허청(KR)
(12) 공개실용신안공보(U)

(11) 공개번호 20-2009-0004371
(43) 공개일자 2009년05월11일

(51) Int. Cl.
B65D 5/40 (2006.01) **B65D 5/74** (2006.01)
(21) 출원번호 20-2007-0017855
(22) 출원일자 2007년11월05일
심사청구일자 2007년11월05일

(71) 출원인
김태원

(72) 고안자
김태원

전체 청구항 수 : 총 6 항

(54) 종이 음료팩 종이 음료팩

M9-3 지식재산권 사례

- 일상생활 속에서 아이디어 발굴

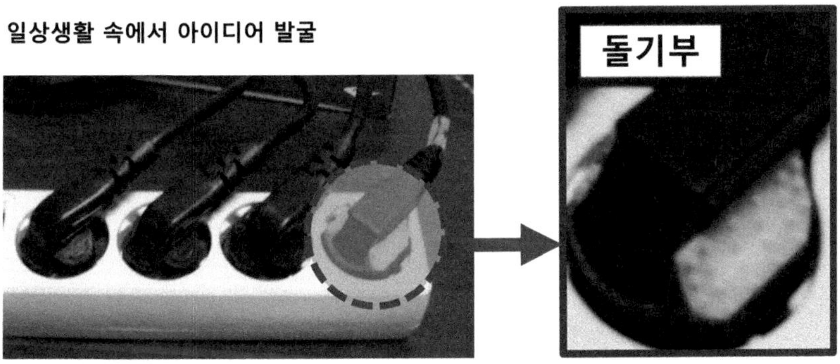

(19) 대한민국특허청(KR)
(12) 공개실용신안공보(U)

(11) 공개번호 20-2009-0004290
(43) 공개일자 2009년05월08일

(51) Int. Cl.
H01B 7/36 (2006.01)
(21) 출원번호 20-2007-0017751
(22) 출원일자 2007년11월02일
심사청구일자 2007년11월02일
전체 청구항 수 : 총 7 항

(71) 출원인
김규리

(72) 고안자
김규리

(54) 파워케이블 **파워 케이블**

Module 10 공학윤리와 ESG 경영

Contents

M10-1 윤리

윤리 : 사람으로서 마땅히 행하거나 지켜야 할 도리
- 옳고 그름을 판단하는 기준 제공
- 공정하고 정의로운 사회를 만드는 기반

▪ 윤리의 단계

- **전문윤리** —— 전문직에게 요구되는 윤리 : 회계, 의료, 정치, 공학, 보도 등
- **직업윤리** —— 직업인에게 요구되는 일반윤리
- **도 덕 (일반윤리)** —— 양심에 기초한 인간으로서 지켜야 할 도리
- **양심** —— 동물적인 종족보존에 기초한 윤리, 제일 밑의 윤리

M10-1 윤리

기업윤리 : 기업이 행하거나 지켜야 할 도리
- 기업 경영활동이 규범적 기준을 사회의 윤리적 가치체계를 따르기 위한 윤리적 규범 기준을 기업경영에 제시하는 것

기업윤리 = **기업의 사회적 책임**

소극적 책임	적극적 책임
• 기업 본연의 목적에 따라 이윤을 창출하고 이윤창출 과정에서 법 규범을 준수하는 것	• 사회의 기관으로서 공익적 가치실현에 적극 참여 • 법적 차원을 넘어 사회적 기부, 환경보호, 장애인 고용, 고용차별 금지, 불합리한 해고 지양, 소외 지역내 공장설립 등의 사회공헌

[출처] 나야넷, 윤리경영으로 함께 만들어가는 더 나은 미래 (나야넷 법정교육_2024)

M10-1 윤리

직업윤리 : 특정의 직업에 종사하는 사람들이 지켜야 하는 행동 규범

▪ 직업
- 자신의 적성과 능력에 따라 일정기간 지속적으로 종사하면서 경제적 재화를 취득하며 사회적 역할을 수행하는 것

직(職)
- 사회적 지위나 역할, 책임

업(業)
- 생계유지를 위한 일

[직업의 가치]

생계유지
- 경제적으로 안정된 삶 유지

자아실현
- 개인의 잠재력과 능력 발휘를 통한 행복과 보람

사회참여
- 사회 구성원으로서 역할 수행을 통해 사회 발전에 기여

직업은 행복한 삶의 통로이자 자아실현의 수단

[출처] 나야넷, 윤리경영으로 함께 만들어가는 더 나은 미래 (나야넷 법정교육_2024)

M10-1 윤리

▪ **분장** (扮裝)
- 등장인물의 성격,나이, 특징에 맞게 배우를 꾸미거나 그런 차림새를 말한다

▪ **가식** (假飾)
- 말이나 행동 따위를 거짓으로 꾸밈

▪ **분식** (粉飾)
- 내용이 없이 거죽만을 좋게 꾸밈
- 실제보다 좋게 보이려고 사실을 숨기고 거짓으로 꾸밈

[이미지 출처] 사진=박나래 인스타그램

[이미지 출처] Generated by OpenAI's DALL-E, 2024.8.5

M10-1 윤리

- **분식회계**(window dressing settlement)
  - **기업이 재정 상태나 경영 실적을 실제보다 좋게 보이게 할 목적으로 부당한 방법으로 자산이나 이익을 부풀려 계산하는 회계**

  (네이버 지식백과)

[이미지출처] https://www.yeongnam.com/web/view.php?key=20050727.010271041430001

M10-2 공학윤리

- **공학윤리는 고도의 전문지식을 가진 엔지니어에게 적용되는 전문윤리**
  - **공공의 안전, 건강과 재산에 영향을 미치는 활동 수행**
- **좋은 공학 vs 나쁜 공학**

기술 분야	좋은 공학	나쁜 공학
공학의 발전	편리함↑, 유용성↑	위험성↑
원자력	원자력 발전	원자폭탄
인공지능	편리함 추구	일자리가 없어짐
컴퓨터	인터넷	나쁜 댓글
교통	자동차	교통사고
항공	비행기	전투기
전기	전구	화재
생명	인공수정	유전자 복제

좋은 공학

공학자와 사용자가 함께 만들어 나가는 것이다

[출처] 10대에게 권하는 공학, 글담출판 한화택지음
[이미지 출처] Generated by OpenAI's DALL-E, 2024.8.6

M10-2 공학윤리

- 엔지니어는 공중의 안전과 건강 및 복지를 가정 우선으로 생각해야 한다.

- 기술사 윤리헌장 -

* 구글이 개발 중인 무인자동차
구글 블로그

전방 돌발상황

[출처] 10대에게 권하는 공학, 글담출판 한화택지음
[이미지 출처] Generated by OpenAI's DALL-E, 2024.8.6

M10-2 공학윤리

1833 ~ 1896
스웨덴 과학자
(다이너마이트 발명)

- 노벨상
  - 스웨덴의 알프레도 노벨의 1895년 유언에 따라 매년 인류의 문명 발달에 학문적으로 기여한 사람에게 주어지는 상
  - 1901년 제정 : 물리학, 화학, 생리학·의학, 문학, 평화
    1969년 추가 : 경제학

[출처] 10대에게 권하는 공학, 글담출판 한화택지음

M10-2 공학윤리

▪ 공학윤리가 중요한 이유

수학
- 정확한 계산
  - 수식으로 이해하고, 논리적으로 생각하는 훈련

+

과학 (탐구)
- 자연 원리를 알 수 있게 해주는 학문

  예) 0℃에서 얼음이 되고, 100℃에서 수증기가 된다

윤리적 문제 별로 없음

→ **공학** (창조)
- 과학 지식을 이용하여 사람들에게 도움이 되는 새로운 제품이나 서비스를 만들어 내는 것

냉장고 / 가습기

제품 생산, 경제성 및 사회에 미치는 영향(윤리적 문제) 고려

M10-2 공학윤리

▪ 공학에 내재된 위험

공학은 필연적으로 위험을 내포

신기술	기계의 개발	새로운 재료	건설 현장에서 부주의
새로운 기술을 창출하기 때문에 기술에 뒤따르는 위험요소 증가	환경이나 인류의 장기적 영향에 대한 지식 없이 새로운 기계가 만들어 지고 있음	과학 발전에 따라 새로운 재료가 합성되고, 설계시 적용	건축중인 건물에서 공사 작업자의 안전 사고

[출처] PBL을 위한 공학윤리 (배원병, 김종식 외 2명_북스힐)

M10-2 공학윤리

▪ 공학윤리와 일반윤리의 차이점

일반 윤리	• 모든 사람들이 일상생활에서 언제나 행하는 도덕규범 • 판단의 결과가 선과 악의 절대적 가치를 가짐 • 인간 양심이 판단의 기초, 판단의 결과가 후세에도 적용 • 행동의 옳고 그름을 마음에서만 판단

↑

적용예 : 배기가스에 의한 오염
대량 살상무기의 개발
공장폐수의 무단방출

↓

공학 윤리	• 산업현장의 문제에 관련된 사람들에게만 적용되는 도덕규범 • 판단의 결과가 사람의 입장에 따라 상대적인 가치를 지님 • 가치의 판단이 직업윤리에 기초(시대와 문화에 따라 다름) • 행위의 결과 좋지 않으면 반드시 고쳐야 함(실천 윤리)

[출처] PBL을 위한 공학윤리 (배원병, 김종식 외 2명_북스힐)

M10-2 공학윤리

▪ 엔지니어와 경영자간에 의견 차이가 발생할 수 있다
- 의사결정 과정에서 충돌 발생 : 경험, 관심사(노딕직 원리, 편의성) 등이 차이
→ 어떤 경우에 경영자 또는 엔지니어의 의견이 우선적이 되어야 하는가?

엔지니어의 특징

전문직의 책임 이행 > 조직에 대한 충성

- 공공의 건강, 안전, 복지 등을 우선
- 제품의 품질과 안전 강조
  (이익극대화 요구에 충돌)
- 경영자와 의사소통의 어려움
  (전문 용어를 이용한 간단한 설명)
- 보수와 명성이 높은 경영자가 되기를 희망
  (두 역할을 해야 할 경우에 이중적인 이해충돌 발생)

경영자의 특징

이윤추구 > 도덕적 책임

- 회사의 이익이 중요하므로 사회에 대한 도덕적 요소를 허용 안 함
- 조직(동료와 상사)에 대한 충성 강조
- 조직을 보호하기 위해
  책임한계를 모호하게 하거나 서류화를 피함

공중의 안전에 크게 영향을 미치는 경우 공학적 결정이 우선시 되어야 한다

[출처] PBL을 위한 공학윤리 (배원병, 김종식 외 2명_북스힐)

M10-2 공학윤리

▪ **공학적 결정과 경영학적 결정의 특징 (이해관계자)**

1) 안전과 품질이 중요한 경우에는 경영학적 결정이 이루어 져서는 안 된다
   - 안전과 품질이 중요하다는 엔지니어의 판단에도 논란의 여지가 있어서 엔지니어의 결정권이 받아들여지지 않을 수도 있다

2) 경영학적 결정이 엔지니어에게 전문규칙과 기준을 어기라고 강요해서는 안 된다 또한 고용인의 권리도 침해하지 않아야 된다
   - 이런 점들이 경영학적 결정을 어렵게 한다

3) 경영학적 결정이 우선시 되는 사인에 대해서도 엔지니어의 제안을 받아들일 준비를 해야 한다
   - 설계 개선, 대체설계, 생산방법개선 등으로 경영학적 결정을 좋게 하기를 원한다

[출처] PBL을 위한 공학윤리 (배원병, 김종식 외 2명_북스힐)

M10-2 공학윤리

▪ **벤젠노출량 허용기준치 협의사례**
 - 상반된 윤리적 접근으로 인하여 법적 /도덕적 불일치가 존재

미국 노동안전위생국	미국 대법원

1 벤젠노출량 허용기준치를 10ppm에서 1ppm으로 강화 요구(1977)

2 벤젠노출량 허용기준치는 10ppm이 합당하다고 판결(1980)

3 과학적으로 불확실하지만 인간의 생명이 위험한 경우에는 엄격한 기준을 적용해야 함

4 노동안전위생국이 적은 벤젠이라도 인간생명에 위험하다는 것을 증명해야 함

5 작업자를 화학 물질에 노출시킨 사람들에게 위험에 대한 입증 책임이 있음

[출처] PBL을 위한 공학윤리 (배원병, 김종식 외 2명_북스힐)
[이미지 출처] Generated by OpenAI's DALL-E, 2024.8.6

M10-2 공학윤리

▪ Case study : 1986년 우주왕복선 챌린저호 폭발사고

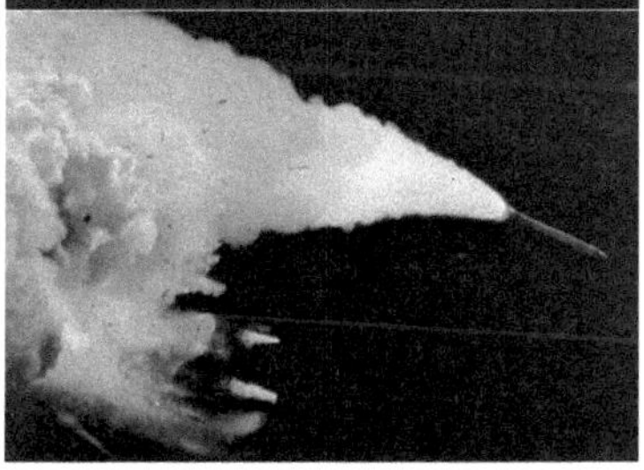

• 개요
  - 1986. 1. 28 발사 73초 후 폭발 (예정일 : 1/22)
    → 우주인 7명 모두 사망

• 원인
  - 고체연료 추진로켓의 접속부 결함
    (추운 날씨로 O-ring 경화로 기능 상실)
    → 배기가스 누출 : 액체연료 폭발

• 경과
  - 제작사 엔지니어 : 발사연기 건의
  - 제작사 경영자 : 차기 수주 고려, 발사동의
  - NASA : 안정적인 우주예산 확보, 위험경고 무시
    레이건 대통령미 의회 시정연설에 대비

[출처] PBL을 위한 공학윤리 (배원병, 김종식 외 2명_북스힐)

M10-2 공학윤리

▪ Case study : 삼풍백화점 붕괴

• 개요
  - 1995. 6. 29, 서울 서초구

• 붕괴원인
  - 설계결함 : 철골 구조물에 적합한 시공을
    콘크리트 구조물에 적용
  - 시공결함 : 설계 280mm, 시공 150mm
  - 사용자 잘못 : 5층 롤러스케이트장을 식당으로 변경
    옥상에 87톤 대형냉각탑 설치

[출처] PBL을 위한 공학윤리 (배원병, 김종식 외 2명_북스힐)

M10-2 공학윤리

▪ 연구의 부정행위에 대한 개념 규정

① 위조 : fabrication
있지 않는 데이터로 기록하고 보고하는 것

② 변조 : falsification
연구 자료나 장비 혹은 과정을 조작하거나 데이터
또는 결과를 바꾸거나 생략하여 내용을 정확하게 표현하지 않는 것

③ 표절 : plagiarism
다른 사람의 아이디어, 연구 과정, 결과 혹은 표현에 대한 출처를
적절하게 명시하지 않고 유용하는 것

④ 공동저자 끼워 넣기
연구에 기여하지 않고 저자에 포함되는 것

[출처] PBL을 위한 공학윤리 (배원병, 김종식 외 2명_북스힐)

M10-2 공학윤리

▪ NSPE 윤리헌장

NSPE® NATIONAL SOCIETY OF PROFESSIONAL ENGINEERS
미국기술사회

1. 공공의 안전, 건강과 복지를 최우선으로 고려하여야 한다
2. 자신이 능력있는 영역에서만 일을 한다
3. 공적인 진술서는 객관적이고 진실되게 발행한다
4. 고용주 또는 고객에 대하여 충실한 대리인 또는 수탁자로 행동한다
5. 사기 행위를 하지 않는다
6. 전문직의 명예, 명성 그리고 실용성을 높이기 위하여
   스스로 명예롭게, 책임감 있게, 윤리적으로, 그리고 합법적으로 행동한다

M10-2 공학윤리

- **IEEE 윤리헌장** (Institute of Electrical and Electronics Engineers 미국전기전자학회)

IEEE Advancing Technology for Humanity

1. 공공의 안전, 건강, 복지에 관련된 공학적 결정을 하는 것에 책임을 지고, 인간이나 환경을 위협할지도 모르는 요인들을 즉시 알린다
2. 실제적이거나 예상되는 이해 충돌은 가능한 한 언제든지 피하고, 그러한 충돌이 있을 때에는 당사자들에게 이를 알린다
3. 청구 또는 평가에 대한 진술은 타당한 자료에 근거해야 하며 정직하고 현실적 이어야 한다
4. 어떤 형태이든 뇌물을 거절한다
5. 기술과 그 적절한 응용 그리고 잠정적 결과에 대한 이해를 향상시킨다
6. 우리의 기술적 역량을 유지하고 향상시키며, 오직 훈련이나 경험에 의해 자격이 부여될 때만, 혹은 관련된 한계점이 완전히 밝혀진 후에 타인을 위한 기술적 과제를 맡는다
7. 기술적인 일에 대하여 진솔한 비판을 추구하며, 수용하고 제공한다 또 잘못을 범했을 때에는 이를 인정하고 바로 잡으며 다른 사람들이 기여한 바를 올바르게 인정한다
8. 인종, 종교, 성별, 장애, 나이, 출신 국가에 관계없이 모든 사람들을 공평하게 대한다
9. 다른 사람들의 신체, 재산, 명성이나 직업을 거짓되고 악의적 행동으로 상해하는 것을 피한다
10. 동료나 동업자가 전문가적인 발전을 하도록 돕고, 이 윤리헌장을 준수하도록 그들을 지원한다

M10-2 공학윤리

- 공학윤리 교육

① 미국 : 1970년 공학교육에 대한 논의 시작

- 1979~85년 공학윤리교육에 관한 전문가 세미나 3년마다 개최
- 1987년 전문엔지니어협회(NSPE)가 윤리강령 제정
  * National Society of Professional Engineers
- 1990년 미국 전기전자공학회(IEEE)가 윤리강령 제정
  * IEEE : Institute of Electrical and Electronic Engineers
- 1996년 미국 엔지니어의 국가인증시험에 공학윤리를 5% 반영

② 한국 : 대학에서 전공과목과 일반 교양과목만 교육

- 과학기술이 사회에 미치는 영향을 다루는 공학윤리 교육은 미흡
- 1999년 바람직한 공학교육을 위한 한국공학교육인증원(ABEEK) 설립
- 엔지니어의 윤리의식을 높이기 위한 공학윤리 교육을 권장함
- 설계프로젝트에 제한조건으로 경제, 환경, 안전과 윤리를 고려하게 함

[출처] PBL을 위한 공학윤리 (배원병, 김종식 외 2명_북스힐)

M10-3 ESG 경영

- ESG경영 : 지속가능성을 구현하기 위해 비재무적 성과 측면에서 투명경영 실천
  - 기업의 사회적 책임(CSR)은 자발적 노력
  - ESG경영은 규제의 성격

CSR

Corporate
Social
Responsibility

기업의 사회적 책임

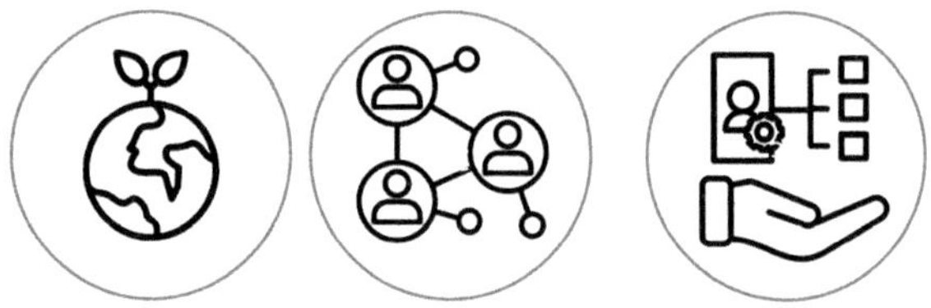

Environment	Social	Governance
환경	사회	지배구조

[출처] 나야넷, 윤리경영으로 함께 만들어가는 더 나은 미래 (나야넷 법정교육_2024)

M10-3 ESG 경영

- 지속가능성을 구현하기 위해 비재무적 성과 측면에서 투명경영 실천

E Environment 환경
- 기후변화 및 탄소배출
- 환경오염, 환경규제
- 생태계 및 생물 다양성

S Social 사회
- 고객만족
- 데이터 보호, 프라이버시
- 인권, 성별 및 다양성
- 지역사회 관계
- 공급망 관리
- 근로자 안전

G Governance 지배구조
- 이사회 및 감사위원회 구성
- 뇌물 및 반부패
- 로비 및 정치 기부

[출처] 나야넷, 윤리경영으로 함께 만들어가는 더 나은 미래 (나야넷 법정교육_2024)

M10-3 ESG 경영

워렌 버핏(Warren Buffett)
미국의 기업인&투자가
[사진=위키피디아]

명성을 쌓는 데는 20년이 걸리지만
잃는 데는 5분도 걸리지 않는다.

[출처] 나야넷, 윤리경영으로 함께 만들어가는 더 나은 미래 (나야넷 법정교육_2024)

Module 11 기획과 운영역량

Contents

M11-1 기획과 전략

- 기획이란?
  - 목표성취를 하는데 가장 적합한 행동을 설계 하는 것
    (절차/방법, 규모) (미리 헤아리는 행동)
  - 사실과 데이터를 이야기로 만들어 전달 하는 것
    (Fact) (Data) (Story)

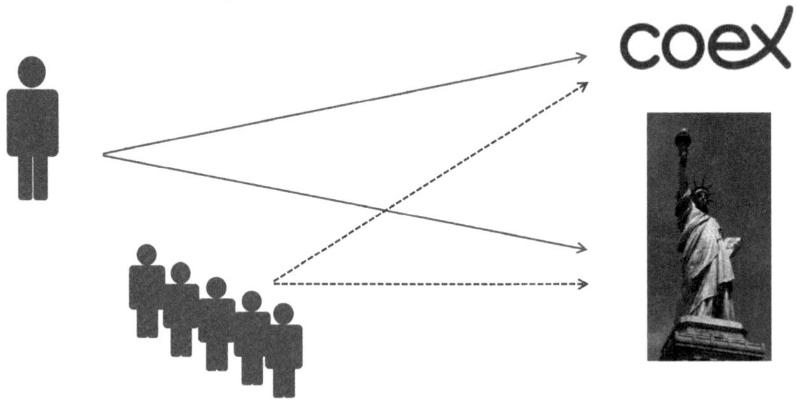

[출처] 심재억, R&D기획가이드북, 2016, KOITA

M11-1 기획과 전략

- 전략이란?

  전쟁을 전반적으로 이끌어 가는 방법이나 책략
  혹은 정치 경제 따위의 사회적 활동을 하는데 필요한 책략

  기업 관점에서
  기업의 목표 달성을 위해 외부환경과 내부역량의 분석을 바탕으로

  장단기 관점에서
  기업의 자원과 노력을 특정한 방향으로 집중시켜 (목표)
  이들 목표를 달성하기 위한 효율적 방안을 모색하고 (수단)
  실제 상황에 적용하여 실행하는 것 (실행)

[출처] 심재억, R&D기획가이드북, 2016, KOITA
[이미지 출처] Generated by OpenAI's DALL-E, 2024.7.31

M11-1 기획과 전략

- **기술전략은?**

  기술의 방향성을 제시하고 제품전략을 구현하기 위한 실질적인 기술을 확보하기 위한 것
  즉, 기업전략과 경영전략의 올바른 구현을 위한 연구개발 전략을 수립하는 것

- **기술로드맵**

  경쟁력 있는 제품이나 서비스를 구현하기 위한 핵심기술은 무엇이며, 언제까지 어떠한 방법으로 확보하여 물리적인 실체의 제품이나 서비스로 구현할 것인가를 시계열로 정의하고 표현하는 것

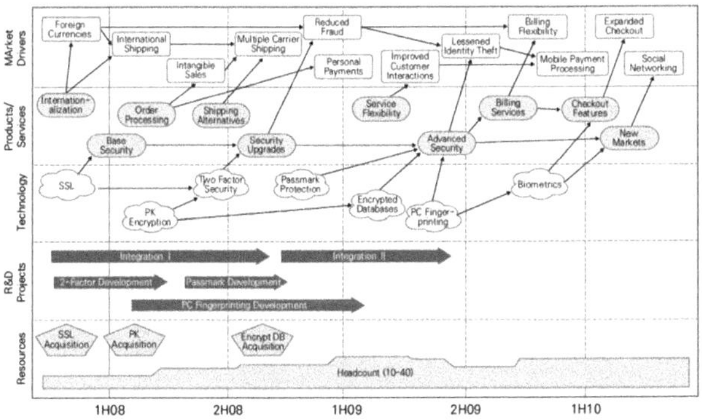

- **기술로드맵 : TRM**
  (Technical Road Map)
- **제품로드맵 : PRM**
  (Product Road Map)

돈을 버는 기술

보여주는 기술

[출처] 심재억, R&D기획가이드북, 2016, KOITA

M11-1 기획과 전략

- **벤치마킹 (Benchmarking)**

  - 기업이 우수한 타기업의 제품이나 기술, 경영 방식을 배워서 응용하는 일

  - 엔지니어링 vs 리버스 엔지니어링
  (Engineering) (Reverse Engineering)

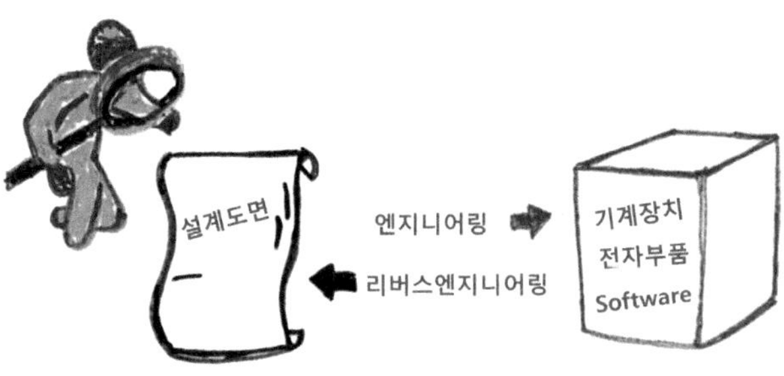

*** 벤치마크 (Bench-mark)**
토지의 높이를 측량할 때에 표고(標高)의 기준이 되는 점

M11-2 운영역량

- **운영역량의 개념**

  - **운영역량이란**
  기업 전체 혹은 일부 단위 측면에서 문제의 해결에 활용되는 운영관리시스템에서
  기업 고유의 특정적 경험이나 Process, Routine으로서
  기업 특유의 필요와 요구를 충족시키기 위해 운영관리시스템의 자원을 구성하는 것
  (Flynn등 2010)

  - **운영역량은**
  기업이 가진 제조역량, 기술, 재료들을 가장 효율적으로 활용하여 성과를 향상할 수 있도록
  다양한 업무들을 통합하는 것으로서 보유 자산의 신중한 활용, 효율적인 자재흐름 과정의
  운영을 통해 경쟁우위를 달성할 수 있다
  특히, 우수한 운영역량은 제품의 인도 과정에서 효율을 높일 수 있고,
  운영 과정에서의 원가절감은 물론 경쟁우위를 달성할 수 있다

M11-2 운영역량

- **운영역량의 개념**

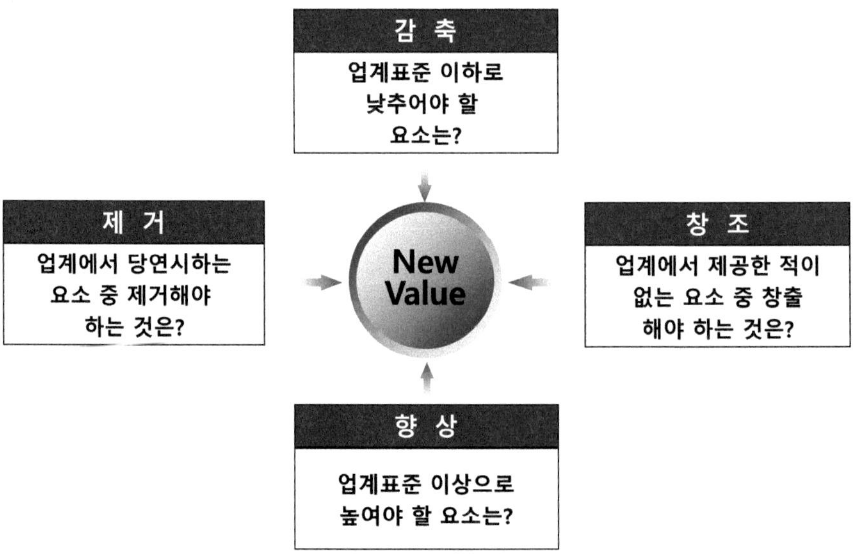

M11-2 운영역량

▪ 운영역량은 경영 전 과정에 적용

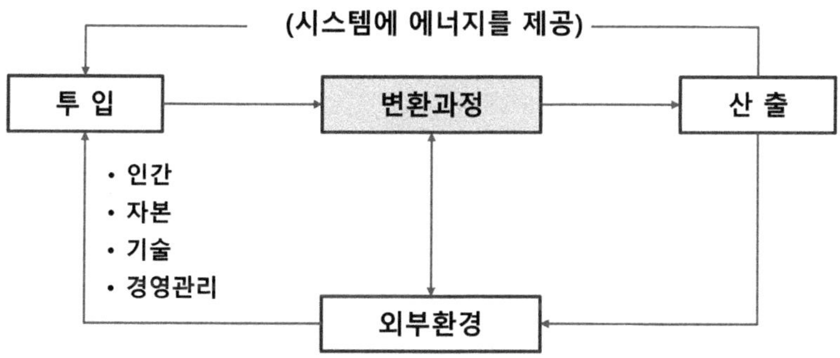

※ 알고리즘이란?
어떤 문제를 해결하기 위한 절차, 방법, 명령어들의 집합
컴퓨터 프로그램은 정확하게 무엇을 해야 할지, 어떤 순서로 해야 할지 구체적으로 알려 주어야만 명령을 수행하며, 이때 계획을 세워 주는 것이 바로 알고리즘이다.

M11-2 운영역량

▪ Process 개념
- 어떤 목적을 달성하기 위한 일련의 절차와 방법
- 프로세스의 목표는 비정형화된 업무, 부가가치가 낮은 업무를 정형화함으로써 조직의 역량과 생산성을 높여 고객의 만족도를 극대화 시키는 것

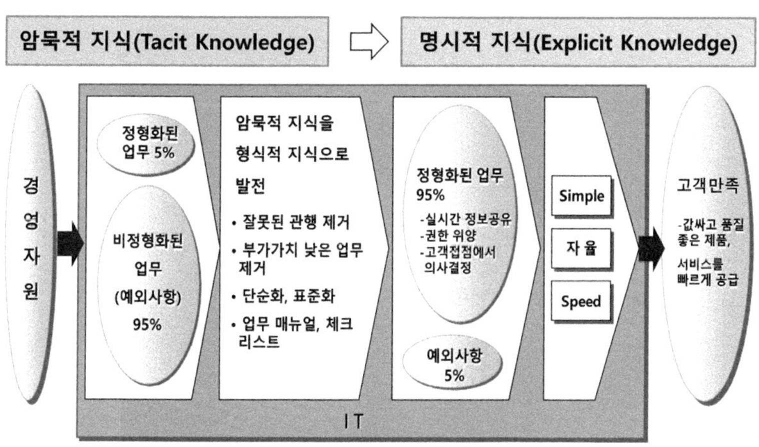

[출처] 한국생산성본부 교육자료 - 신입연구원 R&D 입문(새로운 세상을 만드는 주역), 2017

M11-2 운영역량

▪ Process 개념

- 조직의 Vision과 개인 Vision의 Alignment
- 명확한 업무범위와 명료한 책임과 권한
- 협업을 통한 전문 영역의 확장
- 업무의 사각지대 제거를 통한 업무 Risk 최소화
- 불필요한 업무의 제거 및 창의성 기반 업무의 증가

[이미지 출처] Generated by OpenAI's DALL-E, 2024.7.31

M11-2 운영역량

▪ 상품화 프로세스(예)
- 과제의 유형 및 등급의 분류
- 개발의 효율 향상 및 중복 업무 회피, 신뢰성 확보와 Time To Market을 실현하기 위해 등급을 분류하여 신제품 개발 추진

(예)

- 1등급 : 회사에서 처음으로 생산 또는 판매되는 제품
- 2등급 : Major Change
- 3등급 : Minor Change
- 4등급 : 구조/기능의 변경 없이 개발되는 모델

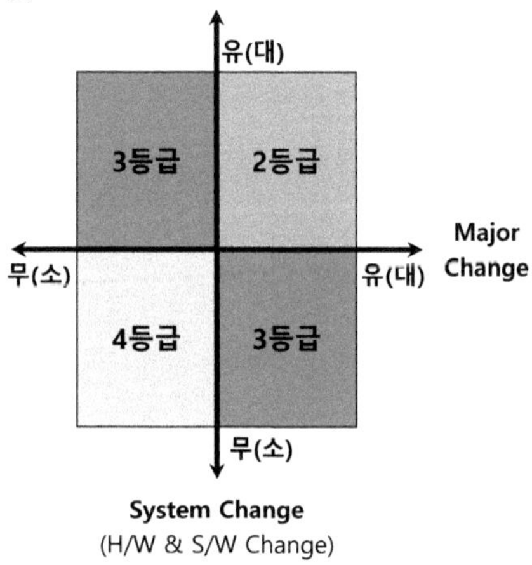

M11-2 운영역량

- 상품화 프로세스(예)
  - 아이디어 발굴에서 시장출시까지의 과정을 스테이지 별로 나누고, 각 스테이지 사이에 의사결정 지점인 게이트(Gate)를 설정해 프로젝트를 조직적으로 운영 가능하게 하는 방법 - 로버트 쿠퍼에 의해 창안 -

과제 기획 → G1 → 기술검토 → G2 → 설계 → G3 → 개발 → G4 → 완료보고 → G5

과제 기획	기술검토	설계	개발	완료보고
• 종전 문제점 • 중점 연구방향 • 연구의 범위 설정 • 목표 연구성과 • 목표 연구기간 • 목표 연구비 • 참여인력 공헌도	• 이론 고찰 • 기존문헌 고찰 • 연구모형 Pre Test • 연구모형 확정	• 기본설계 • Mock-Up Test • Simulation • 기본설계 안 확정	• Product 제작 • Reliability Test • Risk Assessment	• 결론고찰 • 연구성과 집계 - 지적재산권 - SCI 게재논문 - 기타 지정 KPI

M11-2 운영역량

- Process 진화

  - **SCM**(supply chain management)
    - 생산 • 유통 등 모든 공급망 단계를 최적화해 수요자가 원하는 제품을 원하는 시간과 장소에 제공하는 공급망관리를 뜻한다

  - **CRM**(Customer Relationship Management) : 고객관계관리

  - **MES**(Manufacturing Execution System) : 통합생산관리 시스템
    - 공정진행 정보, 설비제어, 품질정보 Tracking, 실적정보 집계, 재공품 관리

  - **POS**(Point of Sale) : 회계관리, 판매관리, 재고관리

  - **ERP**(Enterprise Resource Planning) : 전사적자원관리

M11-3 원가관리 개요

- **경영에서 급부(제품 또는 Service)를 생산하기 위하여 소비된 경제적 가치를 화폐 가치로 표시한 것**
  - **- 원가는 소비된 경제 가치를 말 한다**
  - **- 원가는 생산 및 판매 활동에 직접 관련된 비용이다**
  - **- 원가는 정상적인 소비액이다**

○ 기간원가 : 기업 전체 또는 특정 제품의 제조에 필요한 일정 기간중의 총 비용

○ 제품원가 : 제품 1개(또는 1단위) 당 제조에 필요한 비용

M11-3 원가관리 개요

- **원가기획 프로세스**

제품기획	목표원가 설정	목표원가 배분	견적원가 산정	목표원가 달성
• 기존 제품 변경 구상	• 중장기 경영 계획 - 목표이익 - 판매가격 • 목표원가 설정 - 판매가격 - 목표이익 - 원가구조 B/M	• 목표 원가의 제품별/기능별 배부 • 기능 계통도의 활용	• 제품의 견적원가 산정 • 기능별/부품별 견적원가 산정 • 견적 원가와 목표원가의 GAP 도출	• VE 활동 전개 • 기능통합 및 부품 공용화

※ 원가절감
- VE (Value engineering)
- CR (Cost Reduction)
- CD (Cost Down)

M11-3 원가관리 개요

▪ 기업의 생존 부등식

살아 남으려면?
환경변화에 능동적으로 대응, 강한 경쟁력 확보

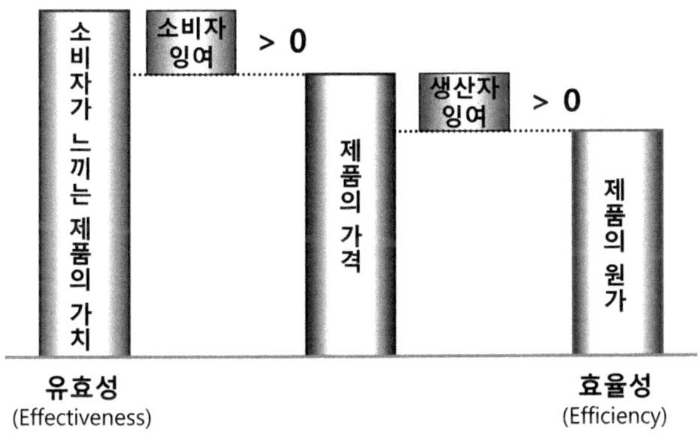

우수한 종(種)이 살아남는 것이 아니라, 변화된 종(種)이 진화하는 것이다

M11-3 원가관리 개요

▪ 원가 구성요소

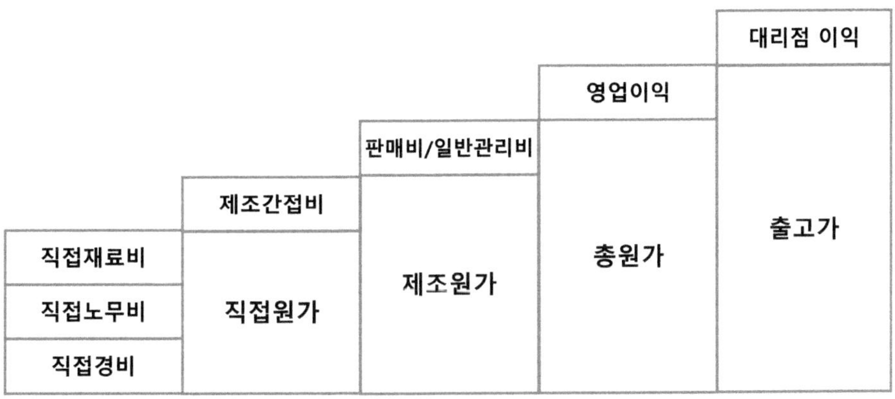

M11-3 원가관리 개요

- **손익분기점**(Break-Even Point, **BEP**)
  - **비용과 수익이 일치하는 지점**
  - **이 지점에서는 수입과 지출이 같아져 순수익이나 순손실이 발생하지 않는 상태**
  - **수량 BEP = 고정비용 ÷ (판매가격 – 변동비용)**

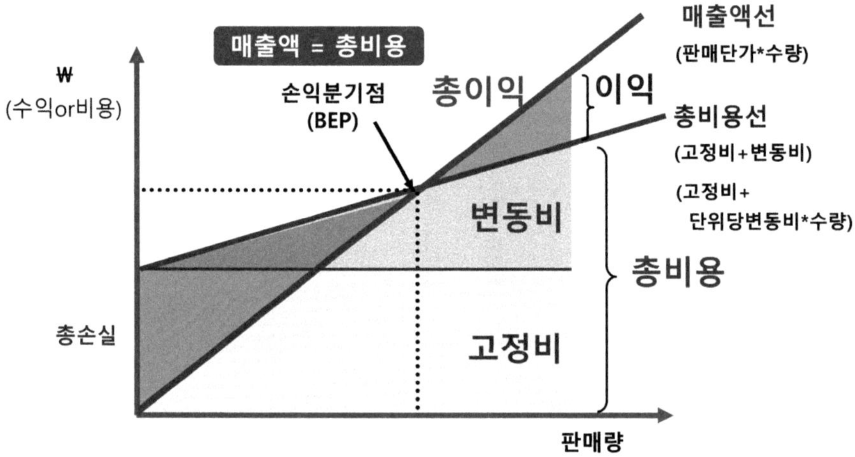

M11-3 원가관리 개요

- **원가관리의 기본사고**
  - **원가관리는 이익을 내기 위한 기본 도구**

○ **Product-Out** :
생산자 중심의 원가개념 = 실적원가 + 이익 = 매출액

○ **Market-In** :
고객지향적 원가 개념 = 매출액 – 목표이익 = 허용원가(목표원가)

M11-3 원가관리 개요

- 의사결정 시기에 따른 경제적 비용
  - 설계 초기 단계의 비용 영향력 : 제품 원가에 미치는 영향력이 매우 높으며, 개념 단계에서 약 70% 차지
  - 실제 제품 원가 : 생산 단계에서 가장 많이 발생하며, 그 이후에는 감소하는 경향

[Matplotlib Chart]

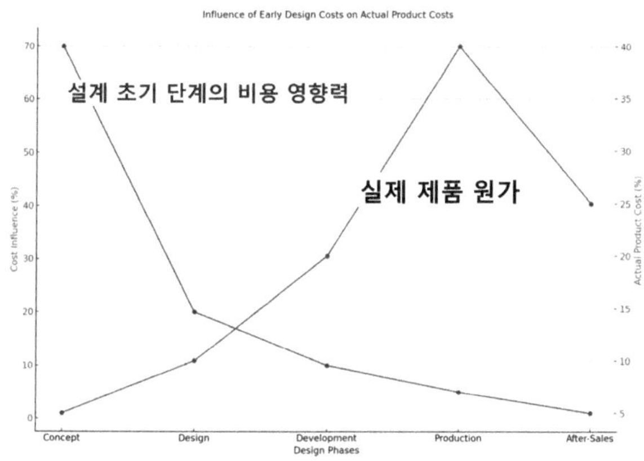

[출처] OpenAI. (2024). ChatGPT. Retrieved from https://www.openai.com/chatgpt
[이미지 출처] Generated by OpenAI's DALL-E, 2024.8.4

M11-3 원가관리 개요

- 의사결정 시기에 따른 경제적 비용

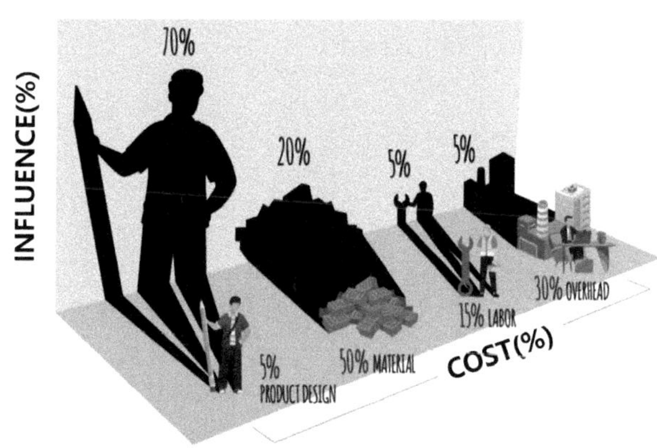

설계 Cost(초기)는 제품원가의 5%이지만,
설계가 제품원가에 미치는 영향은 70%

[출처] Shadow of costs in product development - Part 1 (fabbricaagile.it)

M11-3 원가관리 개요

▪ 원가관리는 물류비용도 반드시 포함해야 한다

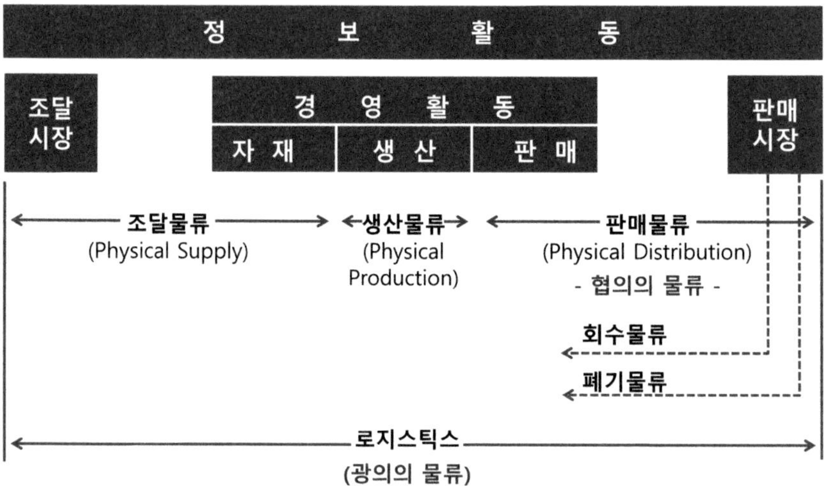

Module 12 기술이 만들어가는 미래

Contents

M12-1 공학의 변화

- 공학의 분류

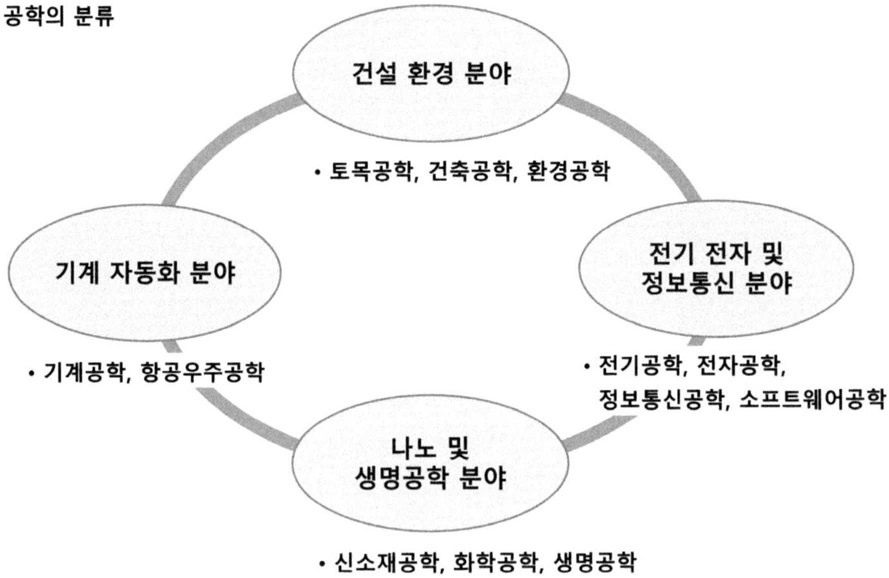

[출처] 10대에게 권하는 공학, 글담출판 한화택지음

M12-1 공학의 변화

- 공학은 시대적인 요청에 따라 변화하는 학문

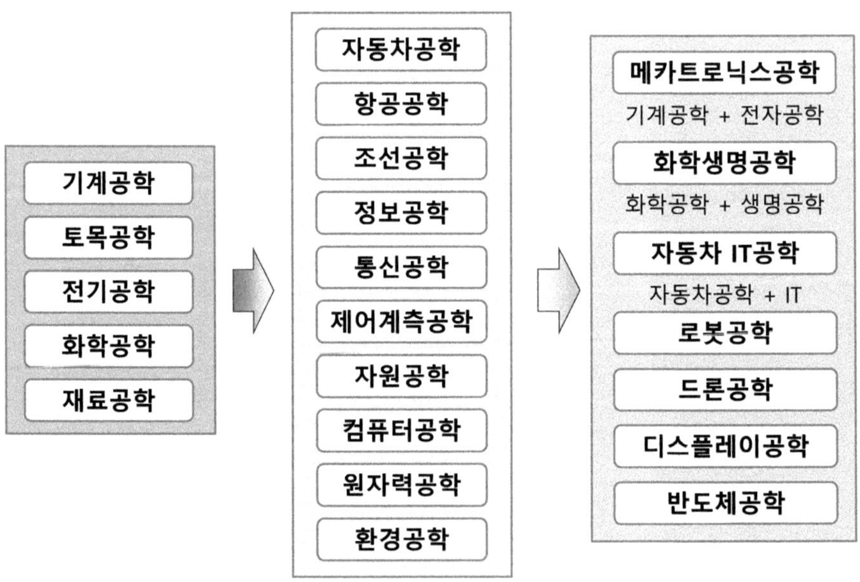

[출처] 10대에게 권하는 공학, 글담출판 한화택지음

M12-1 공학의 변화

▪ 경제발전 계획

계획수립이전 (1948년 ~ 1962년)	고도성장기 (1962년 ~ 1981년)	사회 발전기 (1982년 ~ 1996년)
▪ 정부수립과 경제재건 : 1948-1957년	▪ 제1차 경제개발 5개년 계획 : 1962-1966년	▪ 제5차 경제사회발전 5개년 계획 : 1982-1986년
▪ 경제개발 3개년 계획 : 1960-1962년	▪ 제2차 경제개발 5개년 계획 : 1967-1971년	▪ 제6차 경제사회발전 5개년 계획 : 1987-1991년
	▪ 제3차 경제개발 5개년 계획 : 1972-1976년	▪ 제7차 경제사회발전 5개년 계획 (신경제 계획) : 1992-1996년
	▪ 제4차 경제사회개발 5개년 계획 : 1977-1981년	

[출처] 한눈으로 보는 경제개발계획 : 국가기록원

M12-1 공학의 변화

▪ 경제발전 계획

차수	명칭	년도	비고
1	경제개발 5개년 계획	1962년 ~1966년	▪ 경공업 중심 - 전력 · 석탄의 에너지원과 기간산업을 확충하고, 사회간접자본을 충실히 하여 경제개발 토대 형성
2	경제개발 5개년 계획	1967년 ~1971년	▪ 중공업 중심 - 식량 자급화와 화학 · 철강 · 기계공업의 건설에 의한 산업 고도화, 과학기술의 진흥, 기술수준과 생산성의 향상
3	경제개발 5개년 계획	1972년 ~1976년	▪ 중화학공업 중심 - 안정적 균형
4	경제사회개발 5개년 계획	1977년 ~1981년	▪ 자력성장(목표) - 성장 · 형평, 능률의 기조 하에 자력성장 구조 확립 - 사회개발을 통하여 형평을 증진, 기술 혁신, 능률 향상
5	경제사회발전 5개년 계획	1982년 ~1986년	▪ '성장'을 빼고 안정, 능률, 균형 기조 - 물가안정 · 개방화, 시장경쟁 활성화, 지방 및 소외 부문 개발
6	경제사회발전 5개년 계획	1987년 ~1991년	▪ 능률과 형평 - 경제선진화와 국민복지 증진
7	경제사회발전 5개년 계획	1992년 ~1996년	▪ 자율과 경쟁 - 경영혁신 · 근로정신·시민윤리 확립 - 기업 경쟁력 강화, 사회적 형평 제고와 균형 발전, 개방 · 국제화

[출처] 한눈으로 보는 경제개발계획 : 국가기록원

M12-1 공학의 변화

- 인당 GDP

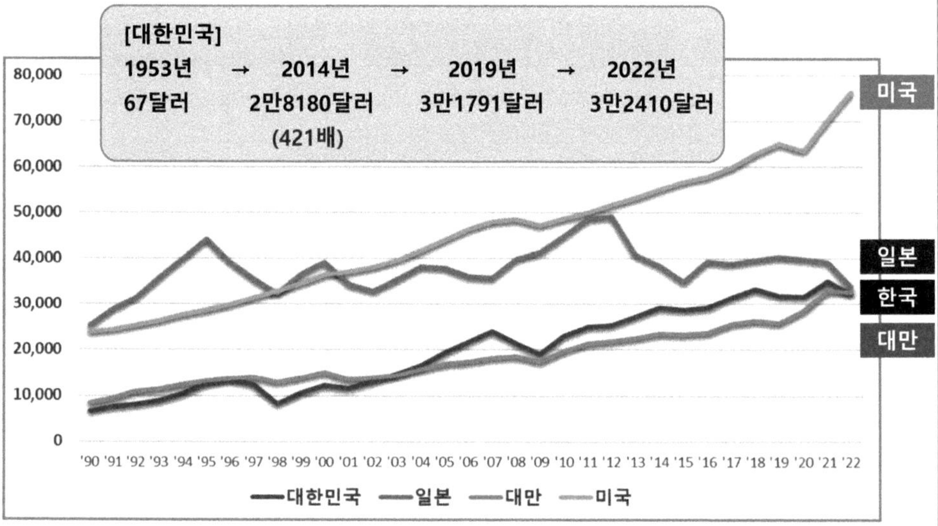

M12-1 공학의 변화

- 경제와 공학의 변화 ◀ 산업과 직접적으로 연결

1차 산업
- 농업
- 수산업
- 임업
- 광업

2차 산업
- 제분공장
- 비료공장
- 섬유공장
- 방직공장

3차 산업
- 서비스업
- 도소매업/숙박/음식점업
- 운송업, 통신업
- 금융업, 부동산업

경공업

- 소비재 중심의 공업
  - 부피에 비해 무게가 가벼운 산업제품

중공업

- 철강, 기계, 조선, 전력, 자동차 등 비교적 대규모 공업
  - 부피에 비해 무게가 무거운 산업 제품

- 1960년대 : 조선업, 철강업, 정유산업, 자동차 산업
- 1980년대 : 컴퓨터 반도체 인터넷 (계측공학, 제어공학, 전자계산학과)

M12-1 공학의 변화

- 공학의 트렌드 변화

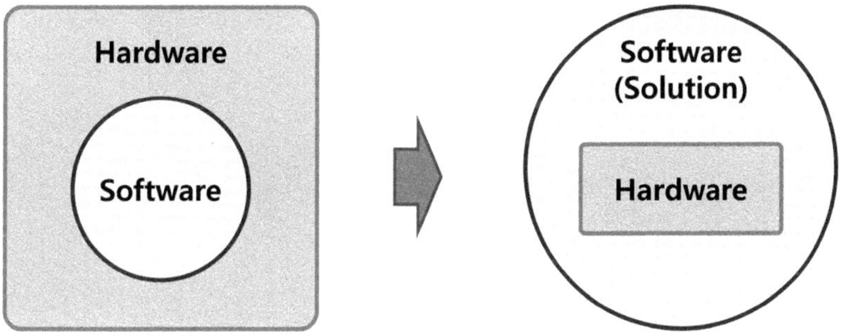

[이미지 출처] Generated by OpenAI's DALL-E, 2024.8.6

M12-2 미래의 공학기술, 융·복합

- 연구개발(R&D)은 분업화 형태로 운영되고 있음

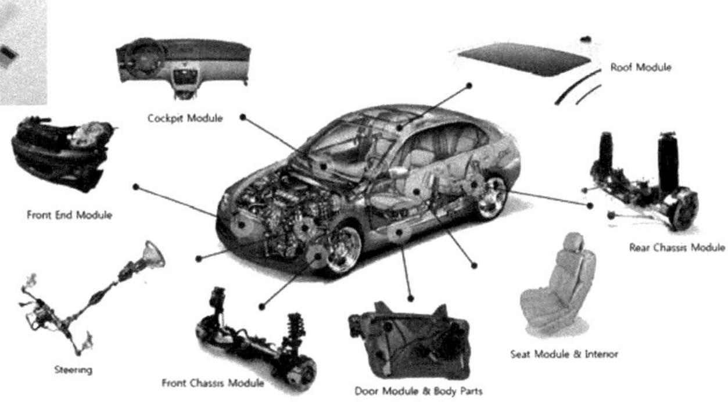

[이미지 출처] 앱스토리매거진, 구글

M12-2 미래의 공학기술, 융 · 복합

- **음질설계 : 소비자 관점 음질(Sound Quality) 평가 및 제품 설계 적용**

음질(Sound Quality) 평가 기술
- 소비자 관점 제품 소리 평가

음원 탐지(Sound Localization) 기술
- 냉장고 충격음

M12-2 미래의 공학기술, 융 · 복합

- **유통환경 : 포장/낙하, 진동 등 신뢰성 설계 적용**

유통낙하 시뮬레이션 기술 : 유통낙하 시 파손 방지 설계

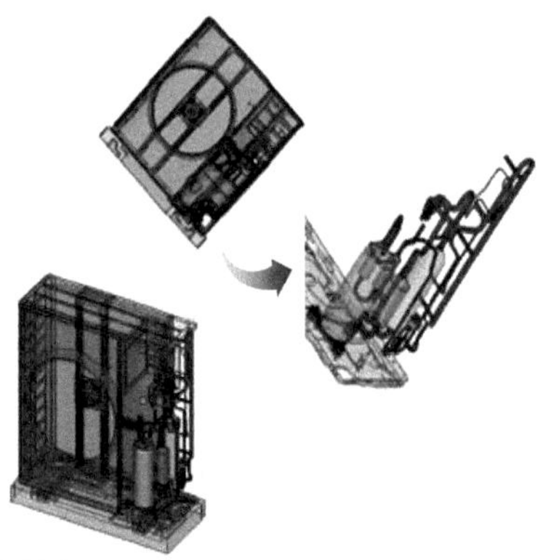

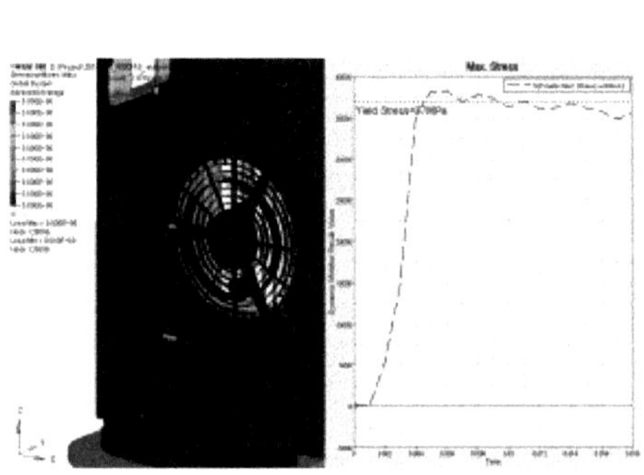

M12-2 미래의 공학기술, 융 · 복합

- **Human Interface : 알파파 생성 기술 & 뇌파 평가를 통한 소비자 검증 기술**

※ 8~12.99Hz 뇌파 주파수 대역에서 심신 이완 상태에서 편안한 휴식을 할때 가장 많이 나오는 뇌파(스트레스 없음, 도취감, 행복감)

마음을 편안하게 하는 바람 및 소리 개발

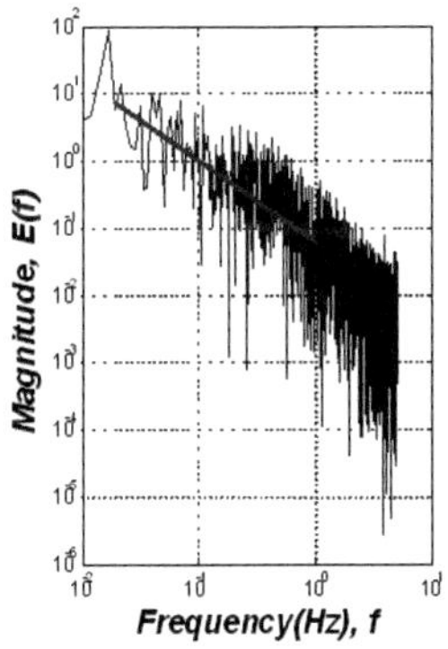

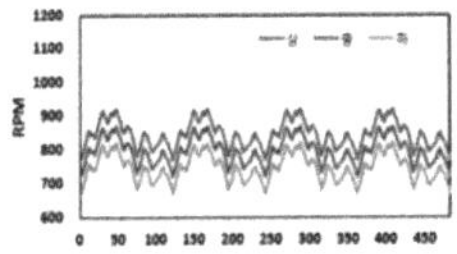

편안한 자연의 바람 모드
(자연의 바람패턴)

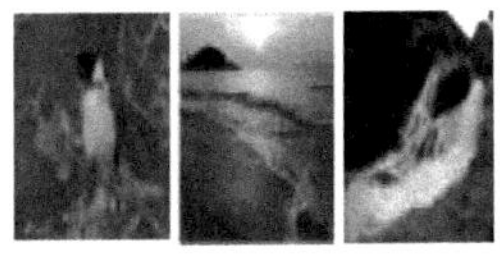

알파파 생성 소리모드
(Relax한 자연의 소리 개발)

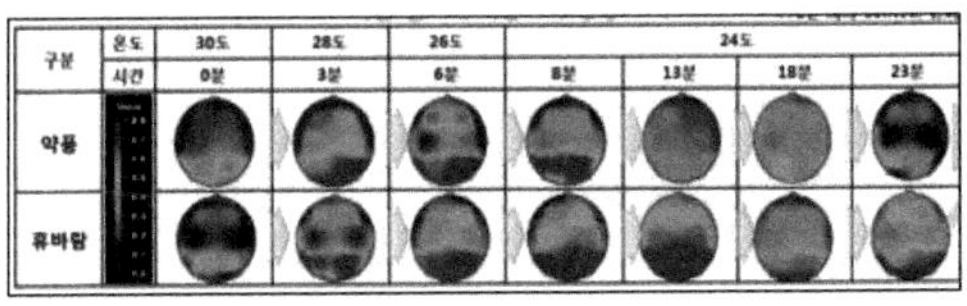

시간-온도에 따른 알파파 생성 효과 (붉은색이 알파의 생성을 의미)

M12-2 미래의 공학기술, 융 · 복합

- **Human Interface : 사용자의 동작 및 힘 분석으로 제품의 Physical 사용성 극대화**

자세 및 힘 측정, 인체역학적 분석

3D Motion Capture

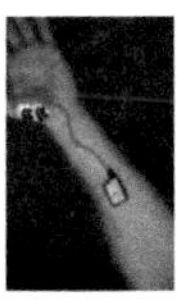

근전도 측정

Eye Tracking

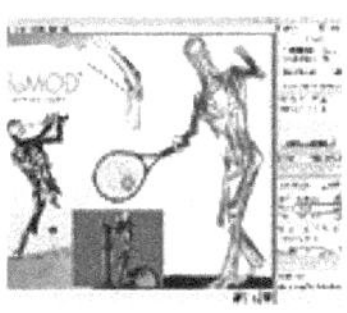

인체 모델링

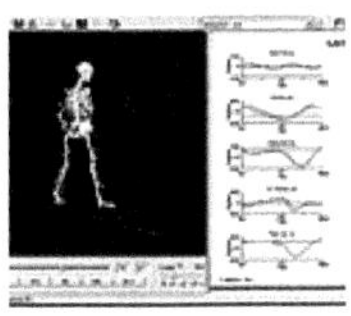

동작분석

User Friendly 제품 구현

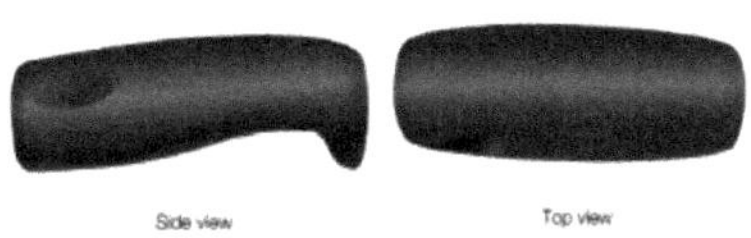

손잡이 형상, 사이즈, 소재 등

M12-2 미래의 공학기술, 융・복합

- **생체모방 기술(Biomimetics) : 자연의 구조와 기능을 모방하여 응용하는 기술**

효율 향상 기술

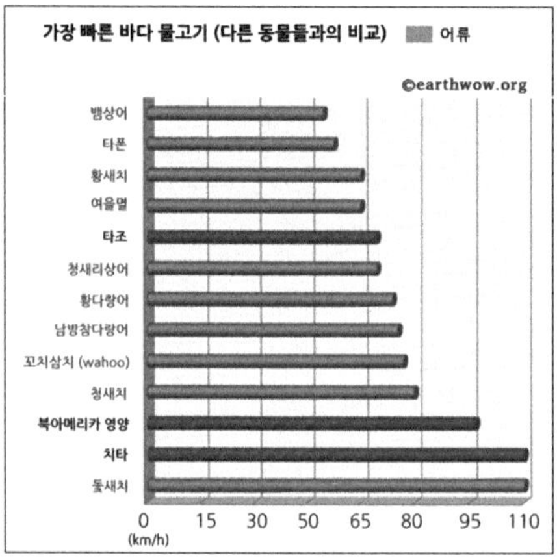

조류 깃털 생태 모방 활용한
반사형 디스플레이 기술 개발

[출처] https://earthwow.org/19889/fastest-fish/
https://www.chungnamilbo.co.kr/news/articleView.html?idxno=582608

M12-2 미래의 공학기술, 융・복합

- **CAE**(Computer Aided Engineering) **: 컴퓨터를 이용한 공학적 Simulation**

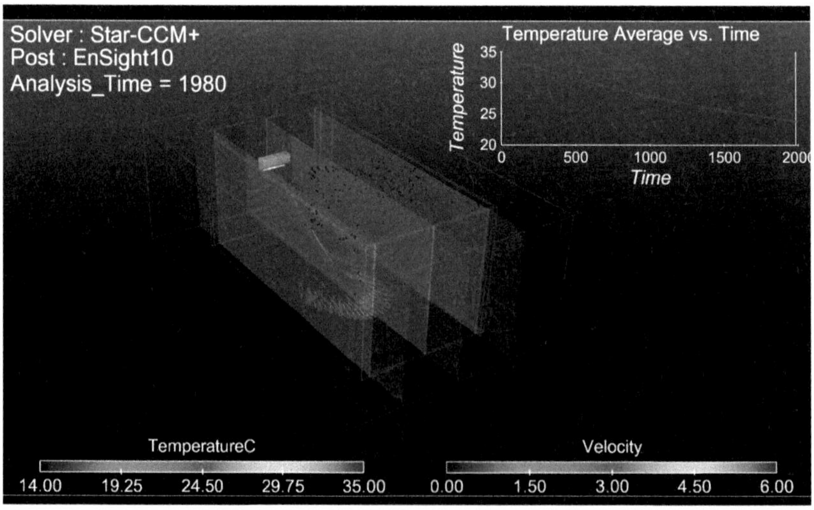

M12-2 미래의 공학기술, 융・복합

▪ 융합형 인재
- 자기 전공을 공부하되,
  다른 분야와 소통할 수 있을 정도의 최소한의 지식과 소통하고자 하는 마음을 가진 인재
- 모든 분야의 전문가가 되라는 뜻이 아님

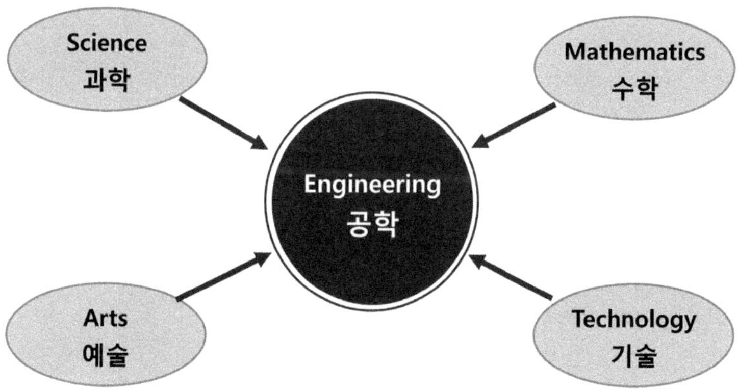

[출처] 10대에게 권하는 공학, 글담출판 한화택지음

M12-2 미래의 공학기술, 융・복합

▪ 융합형 인재

구분	항목	개 념
인지적 능력	글쓰기	글을 통해서 다른 사람과 효과적으로 의사소통 한다
	논리적 분석	문제를 해결하기 위해(의사결정을 하기 위해) 체계적으로 이치에 맞는 생각을 한다
	말하기	자기가 알고 있는 것을 다른 사람들에게 조리 있게 말한다
	범주화	기준이나 법칙을 정하고 그에 따라 사물이나 행위를 분류한다
	추리력	문제해결 및 의사결정을 위해 새로운 정보가 가지는 의미를 파악한다
	창의력	주어진 주제나 상황에 대하여 독특하고 기발한 아이디어를 산출한다
	수리력	어떤 문제를 해결하기 위해 수학을 사용한다
	선택적 집중력	주의를 산만하게 하는 자극에도 불구하고 원하는 일에 집중한다
사회적 능력	문제해결	문제의 본질을 파악하여 해결방법을 찾고 이를 실행한다
	협상	사람들과의 의견 차이를 좁혀 합의점을 찾는다
	설득	다른 사람들의 마음이나 행동을 변화시키기 위해 설득한다
	인적자원관리	직원의 근로의욕을 높이고 능력을 개발하여 적재적소에 인재를 배치한다
	재정관리	업무를 완료하기 위해 필요한 비용을 파악하고 구체적 소요 내역을 산출한다
	시간관리	자신의 시간과 다른 사람의 시간을 관리한다
	판단과 의사결정	이득과 손실을 평가해서 결정을 내린다
	물적 자원관리	업무를 수행하는데 필요한 장비, 시설, 자재 등을 구매하고 관리한다

[출처] 심재억, R&D기획가이드북, 2016, KOITA

M12-2 미래의 공학기술, 융・복합

- 융합형 이재 : 여러 가지 지능

좌뇌(Left Hemisphere) 논리, 언어, 수학	우뇌(Right Hemisphere) 창의력, 상상력, 예술

- 언어지능 (문학가, 언론인)
- 수리지능 (과학자, 수학자)
- 시각공간 지능 (미술, 디자인)
- 사업지능 (기업창업)
- 운동감각 지능 (스포츠)
- 음악지능 (악기연주, 작곡)
- 대인관계지능 (다른 사람들과 잘 어울리는 능력)
- 개인지각지능 (스스로 깊이 이해하는 능력)
- 직관지능 (무슨 행동이나 말이 적합한지 파악하는 능력)
- 예술지능 (예술작품 창작능력)
- 추상지능 (물리학, 과학)

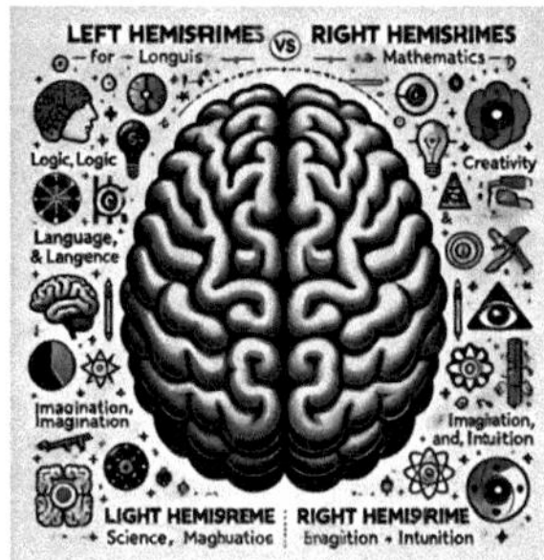

[출처] 심재억, R&D기획가이드북, 2016, KOITA
[이미지 출처] Generated by OpenAI's DALL-E, 2024.8.2

M12-2 미래의 공학기술, 융・복합

- 산업의 연계성 : 두 가지 이상의 가치가 만나서 새로운 핵심가치를 만든다

자동차 산업 발전 — 철강산업 — 기계부품산업 — 정유산업 — 도로건설

증기기관 — 석탄채광 — 기계공업

[이미지 출처] Generated by OpenAI's DALL-E, 2024.8.6

M12-2 미래의 공학기술, 융・복합

▪ 산업혁명

1차 산업혁명	2차 산업혁명	3차 산업혁명	4차 산업혁명
증기기관	전기	퍼스널 컴퓨터	통신
기계가 대신 기계혁명	대량생산이 대신 전기혁명	컴퓨터가 대신 인터넷 혁명	인공지능이 대신 지능혁명

초연결

모든 사람과 사물이 서로 연결되는 세상

- **IoT** (internet of thing) **: 사물인터넷**
- **IoE** (internet of everything) **: 만물인터넷**

M12-2 미래의 공학기술, 융・복합

▪ 인공지능 (Artificial Intelligence_**AI**)

- 축적된 경험을 학습하면서 스스로 알고리즘을 변경하거나 만들어 길 줄 알아야 한다
  - ① 약한 인공지능 : 데이터베이스에 근거해 인간의 지능 흉내
  - ② 강한 인공지능 : 지각력이 있고 스스로를 인식

공학은 인간이 보다 건강한 삶을 누리길 원한다

- 과거 : 생존과 번영을 위한 공학 기술
- 미래 : 건강하고 안전한 생활을 위한 공학
  (재활보조기구, 근력증강 로봇, 시청각 장애극복 안경 및 보청기)

[출처] 10대에게 권하는 공학, 글담출판 한화택지음

M12-2 미래의 공학기술, 융·복합

▪ 사람 vs 인공지능

※ 인공지능은
주어진 틀(알고리즘)과
저장된 경험(데이터베이스)에
의존해 능력 발휘

사람		인공지능
암기력	<	
저장속도	<	
용 량	<	
정확도	<	
판단력	>	
사고력	>	
창의력	>	

알고리즘화 하기 어렵다
정해진 틀에 맞춰 일반화하고 정형화 하는 작업

[창의력을 높이는 방법]
① 다르게 생각하기
② 놀면서 뇌를 쉬게 하기
③ 자유로운 분위기
④ 그래도 중요한 건 '지식'

[출처] 10대에게 권하는 공학, 글담출판 한화택지음

M12-2 미래의 공학기술, 융·복합

▪ 창의력을 높이는 방법

① 다르게 생각하기
- 개성 : 남들과 다른 것
- 변화와 혁신 : 스스로 달라질려고 하는 것

② 놀면서 뇌를 쉬게 하기
- 지루함과 심심함은 정보와 정보의 연결고리를 만들고 창의력 활성화에 효과적

③ 자유로운 분위기
- 브레인스토밍 : 자유롭게 아무 이야기나 시작해 창조적인 생각을 끌어내는 활동

④ 그래도 중요한 '지식'
- 파편과 같은 단편적인 지식이 아니라 서로 연결된 지식 체계

Creativity is inventing, experimenting, growing, taking risks,
breaking rules, making mistakes, and having fun.
창의력은 발명하고, 실험하고, 성장하고, 모험하고,
고정 관념을 깨고, 실수하고, 즐기는 것이다,
- 미국, 사회운동가 메리 쿡 -

[출처] 10대에게 권하는 공학, 글담출판 한화택지음

M12-2 미래의 공학기술, 융·복합

- 융·복합 대응방안
  - 수학은 어느 전공을 공부하더라도 도움이 됩니다
  - 과학적 호기심과 사고력 증진
    - 호기심은 자연스럽게 의문을 불러오고, 주의 깊게 관찰을 하게 됨
    - 하나의 질문 → 다른 질문 → 새로운 질문
  - 소통능력
    - Copywriter : 캐치프레이즈·슬로건·문장 등 광고문안을 만드는 사람
    - Technical writer : 전문용어를 쉽게 풀어 집필하는 사람

분야를 가리지 않는 독 서

- 전문 분야의 고정관념 탈피
- 지식을 습득하는 과정을 넘어 사고하는 과정

[출처] 10대에게 권하는 공학, 글담출판 한화택지음

M12-2 미래의 공학기술, 융·복합

만약 여러분의 경쟁자들이 변하고 있는데, 여러분이 그렇지 않다면...
여러분은 어려움에 처할 것이다!

만약 여러분이 변하고 있는데, 그들이 그렇지 않다면...
그들은 어려움에 처할 것이다!

"여러분"의 선택에 달렸다...

[이미지 출처] Generated by OpenAI's DALL-E, 2024.8.2

M12-3 엔지니어의 과제

환경 오염을 방지하는 기술 개발

모든 사람이 공학적 혜택을 누리는 기술 개발

→ **적정기술** : 인간의 얼굴을 한 기술, 따뜻한 기술

- **사회적으로 공학적 혜택을 받지 못하는 사람들을 위해 고안된 기술**
- **첨단기술에 대비되는 말로,** 소외된 사람들의 기본적인 삶을 위한 맞춤형 기술
- **자원과 시설이 부족한 지역에서도 첨단 기술을 쓸 수 있는 초보적 기술수준**

[출처] 10대에게 권하는 공학, 글담출판 한화택지음

M12-3 엔지니어의 과제

- **플레이 펌프 사례**

아프리카 만성적인 물 부족
↓
플레이 펌프 아이디어 제안

↓
광고업계에서 후원금 접수
(유지보수비용 광고판 운영)
↓
미국 및 전 세계에 홍보

↓
미국대통령 아내 로라부시 1,640만달러 지원
↓
플레이펌프 인터내셔널 설립
↓
모잠비크를 비롯한 아프리카 10개국 설치

[이미지 출처] tech-plus@naver.com

M12-3 엔지니어의 과제

- 플레이 펌프 사례

아프리카 만성적인 물 부족
↓
플레이 펌프 아이디어 제안

↓
광고업계에서 후원금 접수
(유지보수비용 광고판 운영)
↓
미국 및 전 세계에 홍보

↓
미국대통령 아내 로라부시 1,640만달러 지원
↓
플레이펌프 인터내셔널 설립
↓
모잠비크를 비롯한 아프리카 10개국 설치

↓
3년 후 중요한 문제발생
↓
사업진행 5년 만에 조용히 마무리

[이미지 출처] tech-plus@naver.com

M12-3 엔지니어의 과제

- 플레이 펌프 사례

" 인류의 멋진 아이디어

– 굴리는 물통 "

적정기술
(Appropriate Technology)

[이미지 출처] https://blog.naver.com/ssuu0712/222101482373
https://blog.naver.com/yuhyojong/110168712313

M12-3 엔지니어의 과제

▪ **환경친화 : 쓰레기 안 되는 포장혁명에 '심쿵'** (중앙일보, 2020. 06. 21)

재생 가능 골판지에 물에 녹는 스티로폼 그린 셀 폼'으로 운동화 포장 '에버래인'

박스 외관에 작은 점을 찍어놔 도면을 따라 다양한 물건을 쉽게 제작할 수 있도록 만들었다 에코 패키지로 반려동물을 위한 집을 만든 예

[이미지 출처] 에버래인 홈페이지, 삼성전자

M12-3 엔지니어의 과제

▪ **환경친화 : 쓰레기 안 되는 포장혁명에 '심쿵'** (중앙일보, 2020. 06. 21)

아이스 팩 안에 들어있는 물을 화분에 주면 식물 성장에 도움이 되도록 광합성 미생물 주입

생수병의 라벨을 아예 없애 분리 수거를 할 때 라벨을 떼는 수고를 덜어준 사례

[이미지 출처] SSG닷컴, 롯데칠성음료 '아이시스'

Module 13 PBL(Problem Based Learning) 학습

Contents

M13-1 PBL(Problem Based Learning) 개요

PBL의 기본이념

- 학습자 중심의 학습으로
  스스로 문제를 해결해 나가는 과정을 중심으로 이루어지는 학습
- 일방적으로 가르침을 받는 것이 아니라
  경험을 통해 배움을 얻는 학습
- 지식을 외우기만 하는 것이 아니라,
  서로 간의 상호작용을 통해 능동적으로 배움
- 실제적이고 복잡한 질문, 문제 등을
  스스로 탐구하여 지식과 기술을 배워나감
- 지식의 틈새에서 현실의 모든 것을 배움의 대상으로 삼을 수 있게 됨

[참고자료] 1. 프로젝트 수업 어떻게 할 것인가?, 지식프레임, 존라머 · 존 머겐달러 · 수지보스 지음
2. PBL로 수업하기, 학지사, 최정임 · 장경원 공저

M13-1 PBL(Problem Based Learning) 개요

PBL의 기본이념

전통적 문제중심 학습 (Problem-Centered Learning)	문제기반 학습 (Problem Based Learning)
• 학습이 제대로 이루어졌는지 확인하기 위한 방법으로 문제가 주어짐	• 학습을 시작하기 위한 방법으로 문제가 제시
• 한두 개의 사실적 지식이나 원리를 적용하는 단순한 문제	• 학습해야 하는 내용을 모두 포괄하는 광범위한 문제 • 여러 개의 개념과 원리가 복합적으로 작용하는 복잡한 문제 → 한 개가 아닌 다양한 해결책
• 교수자가 문제 해결에 필요한 내용을 학습자에게 강의를 통해 알려줌	• 학습자 스스로 문제에 대한 해답을 찾아야 함 : 교수자는 퍼실리테이터 역할 담당

[참고자료] Barrows & Mayers, 1993

M13-1 PBL(Problem Based Learning) 개요

- PBL 목적

4차 산업혁명 시대 인재 육성

- 스펙형 인간이 아닌 집단창조성을 이끌 인재 필요
- 문제해결력, 심층적 사고능력, 비판적 사고력 등 다양한 능력 필요
- 자기주도적 학습과 협동학습 배양
- 이상적인 인재상은 '협력하는 괴짜'

→ 정답을 맞히는 교육이 아니라,
문제를 찾는 능력과 개방적인 팀워크로 문제를 해결하는 역량을 키우는 교육 필요

혼자서 뛰어난 결과물을 창출할 수 없다

M13-1 PBL(Problem Based Learning) 개요

- PBL 운영방법

튜터(tutor)

소그룹 형성 → 문제 인식/파악 → 역할 분담 → 문제 해결

[이미지 출처] Generated by OpenAI's DALL-E, 2024.8.7

Reference

▪ 공학의 활용

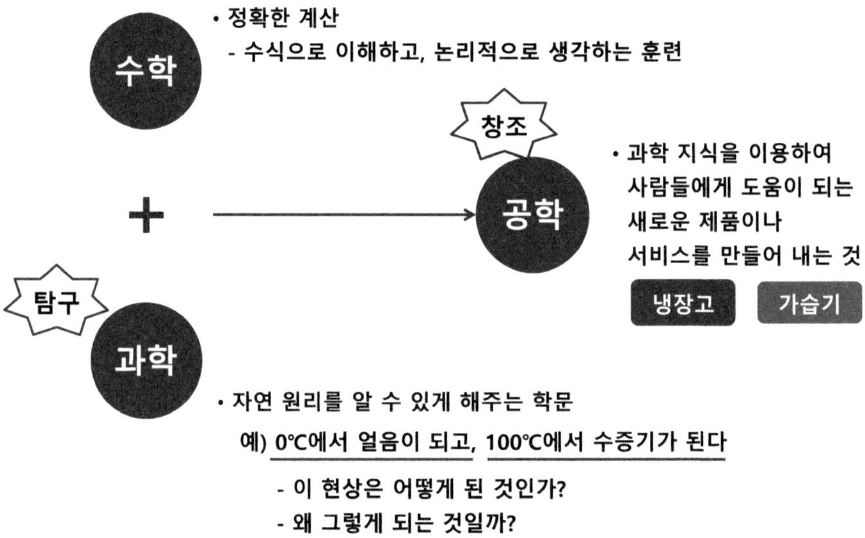

M13-2 PBL(Problem Based Learning) 과제 #1

▪ 생활 속에서 불편한 점과 해결수단 찾아보기
- 50가지 찾기

예) 집에서 편하게 운동할 수 없을까? → 런닝머신
왜 이렇게 복잡한 계산을 하고 있어야 해? → 계산기

■ 팀명 :	팀원 : 홍길동, 이순신, 세종대왕		
불편한 점	해결수단	불편한 점	해결수단

M13-2 PBL(Problem Based Learning) 과제 #2

- 과제 #1에서 도출한 불편한 점과 해결수단에서 공학적/과학적 근거 찾아보기

예) 집에서 편하게 운동할 수 없을까? → 런닝머신
→ 모터를 이용하여 회전수를 가변하여 속도를 변경하고
벨트를 이용하여 발판이 돌아가도록 한다

■ 팀명 : 팀원 : 홍길동, 이순신, 세종대왕

불편한 점	공학적/과학적 근거	해결수단	불편한 점	공학적/과학적 근거	해결수단

Reference

- 증기기관 발명 사례

헤론의 공 (헤론) → 증기기관 (토마스 뉴커먼) → 증기기관 (제임스 와트)

고대 그리스 시대 / 1705년 / 1790년대

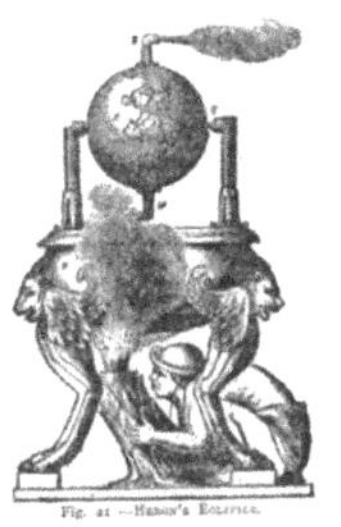

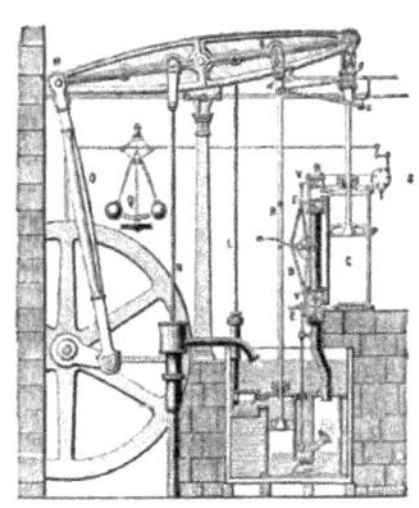

대단한 발명도 백지 상태에서 시작하는 것이 아니라
여러 사람이 이루어 온 바탕 위에서 이루어 집니다

벤치마킹

M13-3 포스트모텀 (Post-mortem)

- **Post-mortem**
  - '부검' or '검시'라는 뜻
  - 왜 문제가 일어났는지 분석하고 대책 수립
- **Pre-mortem**
  - 사전 부검
  - 제품 출시 전에 어떤 문제가 있을지 사전에 검토하는 것

→ Risk Management 실천

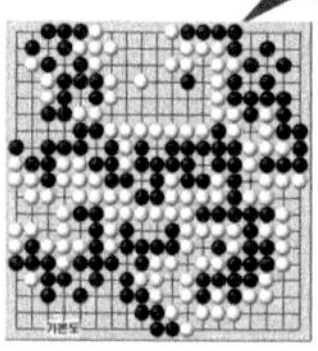

[이미지 출처] https://blog.naver.com/hearung7/222983636111
[이미지 출처] Generated by OpenAI's DALL-E, 2024.8.7

M13-3 포스트모텀 (Post-mortem)

불편한 점	과학적 근거	해결수단	불편한 점	과학적 근거	해결수단

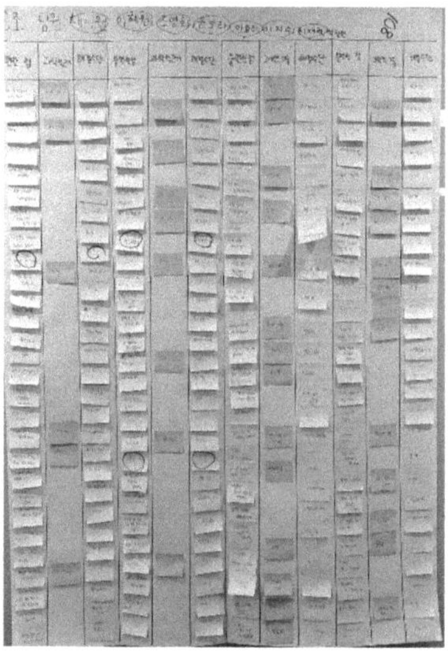

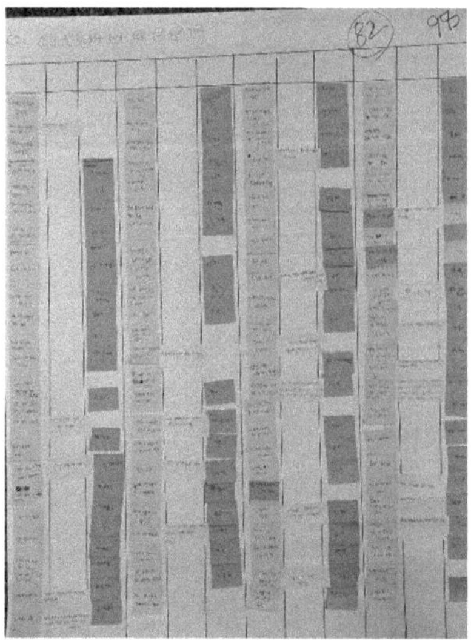

참고문헌
REFERENCES

한화택(2018), 10대에게 권하는 공학, 글담출판

김중호(2022), 알기 쉬운 경제와 경영학, 도서출판 두남

진철호/권대규(2018), 최신 기계공작법, 마지원

배원병/김종식/윤순현/임오강(2011), PBL을 위한 공학윤리, 북스힐

심재억(2016), R&D기획가이드북, KOITA(한국산업기술진흥협회)

최윤식(2016), 2030 대담한 도전, 지식노마드

존 라머/존 머겐달러/수지 보스(2017), 프로젝트 수업 어떻게 할 것인가?, 지식프레임

최정임/장경원(2015), PBL로 수업하기, 학지사

NCS 학습모듈(2016), 환경・에너지・안전, 한국산업인력공단

나야넷 법정교육(2024), 윤리경영으로 함께 만들어가는 더 나은 미래, 나야넷

▸ 저자소개

김 중 호

- 명지대학교 기계공학과 졸업
- 아주대학교 대학원(경영학 석사)
- 안양대학교 대학원(경영학 박사)
- 삼성전자 DAS개발기획 그룹장/에어컨 선행개발 Lab장
- (현) 오산대학교 세무회계과 교수
- (현) 한국생산성본부 R&D연구위원

[주요 저서 및 연구 논문]

- 알기 쉬운 경영분석(공저), 도서출판 두남, 2019.8
- 알기 쉬운 경영학(공저), 도서출판 두남, 2020.2
- 알기 쉬운 경제와 경영학, 도서출판 두남, 2022.2
- 알기 쉬운 실전창업과 창업경영(공저), 도서출판 두남, 2024.2
- 지각된 경영컨설팅 서비스품질이 조직몰입과 혁신행동에 미치는 영향, 2019
- 6시그마 도입이 기업의 경영 성과에 미치는 영향에 관한 사례연구, 2002
- 전문대학 신입생의 개인특성이 대학적응 만족도에 미치는 영향, 2017
- The Polarization of Wealth : The Effect of Support of Knowledge Management on Knowledge Management Activity and Company Performance, 2017. 외

권 대 규

- 한국폴리텍대학 기계기능장
- 경남대학교 대학원(공학석사)
- 경남대학교 대학원(공학박사)
- (현) 세이테크 대표
- (현) 경남대학교 기계공학과 겸임교수
- (현) 창신대학교 항공기계과 외래교수

[주요 저서 및 연구 논문]

- (최신) 기계공작법(공저), 도서출판 마지원, 2018.3
- CATIA를 이용한 mechanical design(공저), 도서출판 복두, 2022.7
- 머시닝센터/범용밀링 가공 혼자하기(공저), 도서출판 복두, 2023.8
- 정밀측정 혼자하기(공저), 도서출판 복두, 2024.3
- 절삭유와 표면조도의 상관관계에 관한 연구, 2011
- 실험계획법을 이용한 알루미늄 소재의 미세입자 분사 가공시 표면형상에 관한 연구, 2017
- 항공기엔진용 Load Rod의 생산성 향상을 위한 전용지그 개발, 2023
- MDPI Processes : Performance Improvement of Micro-Abrasive Jet Blasting Process for Al 6061, 2022. 외

알기 쉬운 기술과 공학 이해

초 판 1쇄 인쇄 —— 2024년 8월 25일
초 판 1쇄 발행 —— 2024년 8월 30일

지은이 —— 김 중 호·권 대 규
펴낸이 —— 전 두 표
펴낸곳 —— 도서출판 **두남**
서울시 강동구 성내로 6길 34-16 두남빌딩
신 고 : 제25100-1988-9호
TEL : 02) 478-2066, 2067
FAX : 02) 478-2068
E-mail : dnbooks@dunam.co.kr
http://www.dunam.co.kr

정가 15,000원

ISBN 978-89-6414-159-5 93320